大学講義シリーズ

制 御 工 学

東京都立大学名誉教授　工学博士
森　　泰　親　著

コロナ社

大学講義シリーズ　編集機構

編集委員長

柳　井　久　義　（東京大学名誉教授　元芝浦工業大学学長　工学博士）

編集委員（五十音順）

川　西　健　次　（日本大学名誉教授　工学博士）

岸　　　源　也　（東京工業大学名誉教授　工学博士）

熊　谷　信　昭　（大阪大学名誉教授　元大阪大学総長　兵庫県立大学長　工学博士）

関　根　泰　次　（東京大学名誉教授　東京理科大学教授）

堀　内　和　夫　（早稲田大学名誉教授　工学博士）

宮　川　　　洋　（元東京大学教授　工学博士）

（2006年10月現在）

はしがき

　本書は，大学工学系学部1～2年生を対象に，自動制御の理論に関する必要最小限の知識を修得するための教科書として書かれたものである．全12章から構成されており，前半6章を解析編，後半6章を設計編にあてた．

　1章と2章は，制御という立場から見たときのシステムの取扱いについて解説している．モデル化においては具体的な例をあげて，状態の概念を明らかにしている．3章では，システムの時間応答を議論している．

　以上のシステムの取扱いに関する基本事項に基づいて，4章においてはシステムの安定性を論じている．特に，固有値の複素平面上での位置と時間応答との関係を詳細に述べている．5章で，座標変換を導入して，可制御性，可観測性に関して解説している．これらはシステムの構造に固有な性質であって，システム構造理論の中核をなしている．

　時間領域での解析手法を論じているなかで，例えば入力から出力までの特性は座標変換によって変わるかという議論のときなど，必要に応じて伝達関数を用いてシステムを表現している．そこで，解析編の最後の章である6章を使って，伝達関数，ボード線図などをまとめて説明している．特に，状態方程式と伝達関数の関係を明らかにしている．

　7章以降は設計編である．7章ではフィードバック制御と安定度を考察した後，定常特性と内部モデル原理を解説している．8章と9章において，極配置法，最適レギュレータ，折返し法と呼ばれる設計手法を解説し，それぞれの長所，短所をまとめている．7章で解説した内部モデル原理によって制御系構造を決定するサーボ系設計は10章に記述している．特に，サーボ系の設計条件を導出し，それがなにを意味するかを考える．11章は状態観測器の設計にあ

てられている。

　設計編の最後の章である 12 章を使って，周波数領域における設計法を解説している。なかでも，部分的モデルマッチング法は，制御対象に関する部分的な知識に基づいて PID 制御系をシステマティックに設計することができる。

　本書の特徴をまとめると以下のようになる。

（1） 制御工学の基礎をしっかりと身に付けることに注力している。そのため，基礎学問の理論を体系的に学ぶうえで必要最小限に内容を絞り込んでいる。厳選した内容に関しては，数式の展開や定理の証明を丁寧に行っている。

（2） 多くの例題と章末演習問題を掲載し，どれも詳細な解説がなされている。これにより，具体例を通して理解を深めながら無理なく先に進むことができる。

（3） 平易な解説を心掛けている。これには，なるべくたくさんの図を用いることで，数式による理論展開をビジュアルに理解できるようにしている。

（4） 折返し法，部分的モデルマッチング法など，実用的な設計法を盛り込んでいる。これらは，他の教科書では見られない。

　状態方程式を用いた時間領域での解析・設計法は，システムの内部の状態や構造に立ち入った解析や設計が可能であり，所望の制御系を設計できるかどうかの見通しがよくなった。その代わり，理論が難解になったのも事実である。そこで上記のような数々の工夫を凝らすことで，入門的な教科書として，また独学書として使いやすい本を目指して書いたつもりである。読者が本書によって，制御工学の理論や技術に興味をもち，さらに高度な内容に向かっていくのに役立てば，著者の本望である。

　最後に，本書の発行にご尽力をいただいたコロナ社に深く感謝する。

2001 年 10 月

森　　泰親

目　　次

1　システムと制御

2　システムの記述
2.1　システムの特性と微分・積分方程式 …………………………… 5
2.2　状態方程式 ……………………………………………………… 7

3　システムの応答
3.1　システムの時間応答 …………………………………………… 16
3.2　状態遷移行列 …………………………………………………… 18
3.3　状態遷移行列の計算 …………………………………………… 20
　　　演　習　問　題 ………………………………………………… 23

4　システムの安定性
4.1　固有値，安定と不安定，モード展開 ………………………… 24
4.2　低次系の時間応答波形 ………………………………………… 26
4.3　固有値の位置と応答 …………………………………………… 35

4.4 ラウス・フルビッツの安定判別法 …………………………37
4.5 リアプノフの安定定理 …………………………………46
　　演 習 問 題 …………………………………………48

5 可制御性と可観測性

5.1 座 標 変 換 ……………………………………………49
5.2 対 角 正 準 形 …………………………………………52
5.3 可 制 御 性 ……………………………………………60
5.4 多入力システムの可制御性と行列のランク ……………67
5.5 可 観 測 性 ……………………………………………70
5.6 双 対 性 ………………………………………………73
　　演 習 問 題 …………………………………………78

6 システムの伝達関数

6.1 信 号 の 伝 達 …………………………………………79
6.2 周 波 数 応 答 …………………………………………82
6.3 ベクトル軌跡 …………………………………………83
6.4 ボ ー ド 線 図 …………………………………………86
6.5 状態方程式と伝達関数の関係 …………………………92
　　演 習 問 題 …………………………………………99

7 フィードバック制御

7.1 フィードバック制御 ……………………………………100

7.2 ナイキストの安定判別法 …………………………………… 102
7.3 安　定　度 ……………………………………………………… 104
7.4 定常特性と定常偏差 …………………………………………… 107
　　　演　習　問　題 ……………………………………………… 112

8 極配置法

8.1 フィードバック係数ベクトル ………………………………… 113
8.2 可制御正準形 …………………………………………………… 116
8.3 可制御正準形による極配置 …………………………………… 122
8.4 アッカーマン法による極配置 ………………………………… 127
　　　演　習　問　題 ……………………………………………… 132

9 最適レギュレータ

9.1 評価関数と最適制御 …………………………………………… 133
9.2 重み行列と正定，半正定 ……………………………………… 136
9.3 最適制御系の安定性 …………………………………………… 140
9.4 リカッチ方程式の解法 ………………………………………… 141
9.5 周波数領域における解析 ……………………………………… 149
9.6 折　返　し　法 ………………………………………………… 151
9.7 折返し法による固有値の移動 ………………………………… 156

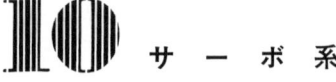

10 サーボ系

10.1 サーボ系の構造 ………………………………………………… 161

10.2 サーボ系の設計 …………………………………… *163*
10.3 設計条件 …………………………………………… *164*
　　　演習問題 ……………………………………………… *168*

11 状態観測器

11.1 状態観測器の構造 ………………………………… *169*
11.2 双対性を用いた設計 ……………………………… *171*
11.3 併合系 ……………………………………………… *174*
　　　演習問題 ……………………………………………… *176*

12 周波数領域での設計

12.1 PID制御 …………………………………………… *177*
12.2 部分的モデルマッチング法 ……………………… *181*
12.3 根軌跡法 …………………………………………… *189*
　　　演習問題 ……………………………………………… *199*

参考文献 ……………………………………………………… *200*

演習問題解答 ………………………………………………… *202*

索　引 ………………………………………………………… *223*

システムと制御

　制御を行うにはまず，対象とするシステムのどの物質量を制御したいかを明確にすることが必要である。これを制御量という。制御量はいろいろな要因で変化する。制御量に影響を与えるもののうちで，制御の目的達成のためにわれわれが利用するものを操作量と呼び，それ以外のものを外乱という。本章ではいくつか具体的なシステムをあげて，制御量と操作量，そしてなにが外乱に当たるかを解説し，外乱が存在するときの制御系構造はどうあるべきかを考える。

　世の中で制御が行われているシステムはさまざまで，ジャンボジェット機やロケットのような巨大なものもあれば，エアコンや冷蔵庫のような身近なものもある。それらシステムが動作する仕組みもさまざまならば，その複雑さも千差万別である。

　制御を行うにはまず，対象とするシステムの物質量のうち，どれを制御したいのか，そしてなにによってそれを変化させるのかという二つの量をはっきりさせることが必要である。エアコンで部屋の温度を自動調整するシステムについて考えてみよう。制御したい対象，すなわち制御対象は部屋であり，制御すべき量が室温である。これを制御量という。

　さて，室温は，なにによって変化するであろうか。まず，室内には照明機器

やテレビなど熱を発生するいろいろな家電品がある。人もまた発熱体である。壁や天井を通して熱の出入りがあり，特に窓からの熱の出入りは大きい。日中，晴れて太陽の光が差し込んでくる場合もあれば雨が降っている場合もある。深夜になって外気温が下がれば，窓を通して室内から外気への放熱が盛んになるであろう。また，ドアが開くときは，廊下から熱が出入りする。そして壁にはエアコンが取り付けられている。

　このように一つ一つ拾い上げてみると，室温を変化させる要因はたくさんある。外気温の変化や日照の変化など自然現象によるもの，家電品のオン・オフや人の出入りなど人が生活することによるものは，室温の制御という目的に利用できない。われわれの意志で熱の授受を変えることができるのは，唯一エアコンである。制御量に影響を与えるもののうちで，制御の目的達成のためにわれわれが利用するものを操作量と呼び，それ以外のものを外乱という。ブロック線図で表すと図1.1となる。

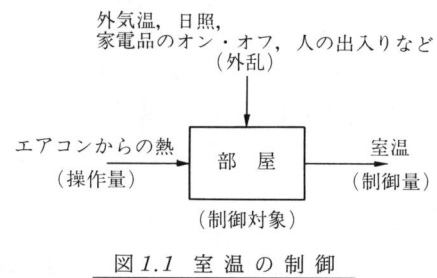

図1.1　室温の制御

　つぎに自動車の運転を考えてみよう。この場合の制御量，操作量および外乱はどうなるだろうか。

　制御対象を自動車としたとき，図1.2に示すように，制御量は速度と進行方向である。速度を上げたり下げたりするための操作量は，エンジンが作り出す加速力とブレーキによる減速力である。また，自動車の進行方向に関しては前タイヤの角度が操作量である。運転手はアクセルペダル，ブレーキペダルおよびハンドルを介してこれらの操作量を変化させることで自動車を運転している。速度に対しては，路面の状況やこう配による抵抗，風による力が，進行方

1. システムと制御

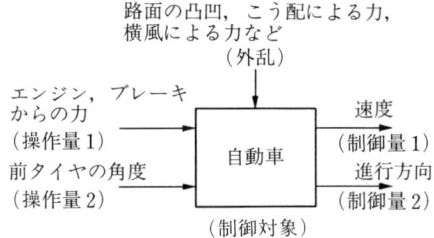

図 1.2 自動車の制御

向に関しては，横風による力が外乱である。

以上二つの制御対象に関して，なにが制御量，操作量および外乱であるかを考えた。外乱がまったくない場合，すなわち外気温の変化や日照の変化，家電品のオン・オフや人の出入りなどがない場合には，エアコンを定常運転するだけで室温を一定に保つことができる。また，自動車は，路面の凸凹やこう配による抵抗，風による力がないなら，アクセルペダルをある角度に踏み込んでいれば一定の速度が保たれるし，ハンドル角によってのみ進行方向が決まる。しかしながら，外乱が予期しないときに加わり，制御量を乱してしまう。

そこで，現在の制御量の値を測定して，目標の値と比較し，その差をゼロにするように操作量を変化させることが必要となる。これがフィードバック制御である。図 1.3 に示すように，目標とする制御量の値を目標値あるいは設定値，制御量の現在値を測る装置を検出器あるいは測定装置という。また，目標値と制御量の差を制御偏差，その差をゼロにするように操作量を作り出す装置を制御装置という。

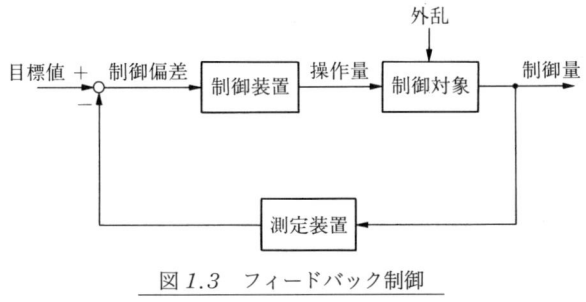

図 1.3 フィードバック制御

室温は，外乱があってもつねに一定の温度を保つように制御される。これに対して，交通法規を守り，障害物を避けながら道路に沿って自動車を運転するには，状況に応じて的確な目標値を，速度と進行方向に与えなくてはならない。前者の目標値が一定の制御を定値制御といい，プロセス制御の分野に多い。後者の目標値が時間的に変化する制御は追値制御といい，船舶，航空機，ロケット，工作機械，ロボットなどを制御する場合に使われる。

システムの記述

　制御したい対象を希望どおりに「制し御する」ためには，その対象の特性を十分に把握しておく必要がある。システムや構成要素の特性を数式で記述することをモデル化と呼んでいる。この章では，簡単なシステムを実際に解析しながら，状態の概念を明らかにする。

2.1　システムの特性と微分・積分方程式

　システムまたは要素に外部から入力信号を加えるとき，これに対応した信号が出力される。入力信号と出力信号の関係をシステムの特性という。まずは，簡単な電気回路素子を例にその特性を数式で記述することを説明しよう。
　電圧 v を抵抗 R に加えたとき，抵抗を流れる電流 i は

$$i = \frac{v}{R} \tag{2.1}$$

と表すことができる。これをオームの法則という。与えられた電気エネルギーを熱エネルギーとして消費し自己の中にエネルギーを蓄えないために，電流 i は電圧 v の現在値のみによって決まる。このような要素を静的要素と呼ぶ。
　また，抵抗 R に電流 i を流すと，電流の流れる方向とは逆向きに Ri の大きさ

の逆起電力，すなわち電圧降下が抵抗の両端に生じる。このことは，式(2.1)を変形して

$$v = Ri \tag{2.2}$$

と書くことができる。この場合の入力信号は電流，出力信号は電圧であり，両者は比例関係であることから抵抗は比例要素であると理解できる。

インダクタンスが L のコイルに電流 i を流すと，与えられた電気エネルギーを一時的に磁気エネルギーの形にして自己の中に蓄え，流された電流の時間的変化を妨げるような起電力を生む。これを電磁誘導現象といい

$$v = L\frac{di}{dt} \tag{2.3}$$

で表すことができる。コイルは出力信号の電圧が入力信号の電流の微分に比例する微分要素である。入力信号の現在値のみでなく，過去の値にも依存して出力信号が決まるこのような要素を動的要素と呼ぶ。

与えられた電気エネルギーを静電エネルギーの形で蓄積するコンデンサは，入力信号を電流 i，出力信号を電位差 v とするとき

$$\begin{aligned}v &= \frac{q}{C} \\ &= \frac{1}{C}\int i\,dt\end{aligned} \tag{2.4}$$

の関係がある。ここで，C は静電容量，q は電荷である。式(2.4)から，出力信号が入力信号の過去の値にも依存して決まるので動的要素，しかも入力信号の積分に比例することから積分要素であることがわかる。また，コンデンサに蓄えられる電荷 q と電流 i との関係は

$$q = \int i\,dt \tag{2.5}$$

であるから，これを微分で表現すると

$$i = \frac{dq}{dt} \tag{2.6}$$

となる。

2.2 状態方程式

システムは多くの静的要素と動的要素から成り立っている。前節に引き続き，電気回路を例にとってシステムの動特性表現について考える。

抵抗値 R〔Ω〕の抵抗とインダクタンスが L〔H〕のコイルと静電容量が C〔F〕のコンデンサを直列につないで電流 i を流す。図 2.1 に示すように，電気回路素子それぞれの電圧は v_R，v_L，v_C であるから，式(2.2)〜式(2.4)よりこの回路の両端の電圧 v を表す方程式はつぎのようになる。

$$v = Ri + L\frac{di}{dt} + \frac{1}{C}\int i\,dt \tag{2.7}$$

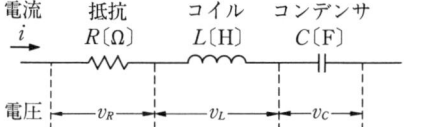

図 2.1 RLC 直列回路

式(2.7)には，微分と積分の両方が含まれている。このままでは扱いにくいので，微分だけで表現し直すことにする。そのために，式(2.5)，(2.6)を用いると

$$L\frac{d^2q}{dt^2} + R\frac{dq}{dt} + \frac{1}{C}q = v \tag{2.8}$$

で表される2階の微分方程式になる。式(2.7)が電流と電圧との関係式であるのに対して，式(2.8)は電荷と電圧との関係式になっていることに注意されたい。図 2.1 の電気回路には，比例要素，微分要素，積分要素が一つずつある。すなわち，動的要素は二つ含まれている。このため，電気回路の動特性を表す微分方程式は2階になった。システムを構成している動的要素の数をシステムの次数という。この電気回路は2次の動的システムである。

例題 2.1 図 2.2 に示す電気回路において，電圧 v_i を印加したときのコンデンサの端子電圧 v_c を表す関係式を作成せよ。

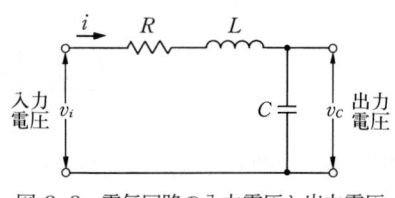

図2.2 電気回路の入力電圧と出力電圧

解 図2.2の回路は図2.1と同じRLC直列回路であるから，入力電圧v_iと電荷qを用いてこの回路の動特性を記述すれば，式(2.8)より

$$L\frac{d^2q}{dt^2}+R\frac{dq}{dt}+\frac{1}{C}q=v_i \qquad ①$$

となる。また，出力電圧v_cは

$$v_c=\frac{1}{C}q \qquad ②$$

である。式①は2階の微分方程式，式②は代数方程式である。以下において，式①を1階の連立微分方程式に変形しよう。

まず，電荷qを第1の変数x_1とおく。すると，式①の左辺第2項のdq/dtは，dx_1/dtとなる。これを第2の変数x_2と定義する。ここまでを式に書くと以下のようになる。

$$x_1=q \qquad ③$$
$$\frac{dq}{dt}=\frac{dx_1}{dt}=x_2 \qquad ④$$

さらに，式①の左辺第1項のd^2q/dt^2は

$$\frac{d^2q}{dt^2}=\frac{dx_2}{dt} \qquad ⑤$$

となるので，式①はつぎのように変形された。

$$L\frac{dx_2}{dt}+Rx_2+\frac{1}{C}x_1=v_i \qquad ⑥$$

式③は単なる変数の置換えであるが，式④は変数x_1と変数x_2を関係づける式である。すなわち，式①は，式④，⑥と同値であり，式①は，1階の連立微分方程式で書き表すことができた。

つぎに，入力変数をu，出力変数をyで表すことにすれば

$$u=v_i \qquad ⑦$$
$$y=v_c=\frac{1}{C}x_1 \qquad ⑧$$

となるから，式④，⑥，⑧を整理して書くと次式となる。

2.2 状態方程式

$$\frac{dx_1}{dt} = x_2 \tag{9}$$

$$\frac{dx_2}{dt} = -\frac{1}{LC}x_1 - \frac{R}{L}x_2 + \frac{1}{L}u \tag{10}$$

$$y = \frac{1}{C}x_1 \tag{11}$$

変数 x_1 と変数 x_2 は，電気回路の内部の状態である．コンデンサに蓄えられている電荷 q と回路に流れている電流 i を表している．これらを状態変数という．式⑨，⑩，⑪を行列形式でまとめて表現すると

$$\frac{d}{dt}\begin{bmatrix} x_1 \\ x_2 \end{bmatrix} = \begin{bmatrix} 0 & 1 \\ -\frac{1}{LC} & -\frac{R}{L} \end{bmatrix}\begin{bmatrix} x_1 \\ x_2 \end{bmatrix} + \begin{bmatrix} 0 \\ \frac{1}{L} \end{bmatrix}u \tag{12}$$

$$y = \begin{bmatrix} \frac{1}{C} & 0 \end{bmatrix}\begin{bmatrix} x_1 \\ x_2 \end{bmatrix} \tag{13}$$

となる．

例題 2.2 図 2.3 に示す電気回路において，電圧 v_i を印加したときのコンデンサの端子電圧 v_c を表す関係式を作成せよ．

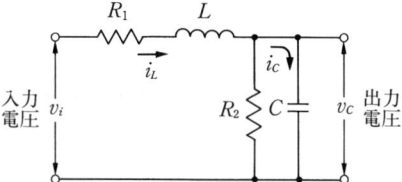

図 2.3 例題 2.2 の電気回路

解 図 2.3 の回路は，先の回路に比べて，コンデンサに並列に抵抗が加えられている．まず，電圧に関しては，つぎの式が成立する．

$$v_i = R_1 i_L + L\frac{di_L}{dt} + v_c \tag{①}$$

ここで，v_c は，コンデンサの端子電圧である．つぎに，電流に関して次式が成立する．

$$i_L = \frac{v_c}{R_2} + i_c \tag{②}$$

コンデンサに流れる電流 i_c と端子電圧 v_c との関係は，式(2.4)から

$$v_c = \frac{1}{C}\int i_c dt \tag{③}$$

であるから，両辺を微分して

$$C\frac{dv_c}{dt}=i_c \quad ④$$

となる。式④を式②に代入する。

$$i_L=\frac{v_c}{R_2}+C\frac{dv_c}{dt} \quad ⑤$$

式①と式⑤を整理することで，つぎの1階の連立微分方程式を得る。

$$\frac{di_L}{dt}=-\frac{R_1}{L}i_L-\frac{1}{L}v_c+\frac{1}{L}v_i \quad ⑥$$

$$\frac{dv_c}{dt}=\frac{1}{C}i_L-\frac{1}{CR_2}v_c \quad ⑦$$

入力電圧 v_i を入力変数 u に置き換え，コンデンサの端子電圧 v_c を出力変数 y として，行列形式でまとめるとつぎのようになる。

$$\frac{d}{dt}\begin{bmatrix}x_1\\x_2\end{bmatrix}=\begin{bmatrix}-\frac{R_1}{L} & -\frac{1}{L}\\ \frac{1}{C} & -\frac{1}{CR_2}\end{bmatrix}\begin{bmatrix}x_1\\x_2\end{bmatrix}+\begin{bmatrix}\frac{1}{L}\\0\end{bmatrix}u \quad ⑧$$

$$y=\begin{bmatrix}0 & 1\end{bmatrix}\begin{bmatrix}x_1\\x_2\end{bmatrix} \quad ⑨$$

上式において，状態変数 x_1 はコイルに流れる電流 i_L を，状態変数 x_2 はコンデンサの端子電圧 v_c を表している。

　以上，二つの例題を示した。どちらの例題の電気回路にも動的要素が二つずつ含まれているので，2次の動的システムとして表現された。しかし，状態変数の選び方は同じではなく，例題 2.1 では電荷と電流，例題 2.2 では電流と電圧を選んでいる。状態変数は，入力変数 u の情報を出力変数 y に伝えるのに必要最小数の変数で構成することが重要であって，どの物理量を状態変数に選ぶかは場合によって異なって構わない。システムの内部の状態を表す変数をどのように選ぶかの議論は 5 章において行う。

　二つの例題で最後に行列形式にまとめたものはつぎの形をしている。

$$\frac{dx}{dt}=Ax+Bu \quad (2.9)$$

$$y=Cx \quad (2.10)$$

ただし

2.2 状態方程式

$$x = \begin{bmatrix} x_1 \\ x_2 \end{bmatrix} \tag{2.11}$$

であり，A, B, C に関しては，例題 2.1 では

$$A = \begin{bmatrix} 0 & 1 \\ -\dfrac{1}{LC} & -\dfrac{R}{L} \end{bmatrix} \tag{2.12}$$

$$B = \begin{bmatrix} 0 \\ \dfrac{1}{L} \end{bmatrix} \tag{2.13}$$

$$C = \begin{bmatrix} \dfrac{1}{C} & 0 \end{bmatrix} \tag{2.14}$$

であり，例題 2.1 では

$$A = \begin{bmatrix} -\dfrac{R_1}{L} & -\dfrac{1}{L} \\ \dfrac{1}{C} & -\dfrac{1}{CR_2} \end{bmatrix} \tag{2.15}$$

$$B = \begin{bmatrix} \dfrac{1}{L} \\ 0 \end{bmatrix} \tag{2.16}$$

$$C = \begin{bmatrix} 0 & 1 \end{bmatrix} \tag{2.17}$$

である。式(2.9)，(2.10)は時間の関数であることを意識して

$$\dot{x}(t) = Ax(t) + Bu(t) \tag{2.18}$$

$$y(t) = Cx(t) \tag{2.19}$$

と書くこともある。状態変数についての1階の連立微分方程式(2.18)を状態方程式，出力変数についての代数方程式(2.19)を出力方程式という。

例題 2.3 つぎに，図 2.4 に示すように，天井からばねとダンパでつるされた質点の動きを考えてみよう。質点に外力 f を加えるとき平衡点からのずれ x はどのような動きをするか。

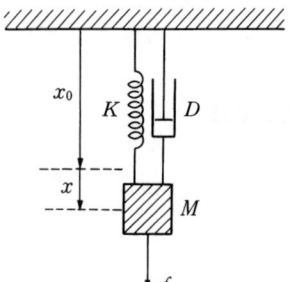

図2.4 機械振動系

解 ばねの弾性係数を K,ダンパの粘性摩擦係数を D,質点の質量を M とするとき,力の釣合い式は次式となる。

$$M\ddot{x}+D\dot{x}+Kx=f \qquad ①$$

変数 x_1 を位置 x とし,変数 x_2 を x の時間微分とすれば

$$x_1=x \qquad ②$$
$$x_2=\dot{x} \qquad ③$$

であるから,式①は

$$M\dot{x}_2+Dx_2+Kx_1=f \qquad ④$$

となる。したがって,入力変数 u と出力変数 y をそれぞれ外力 f,位置 x としてまとめるとつぎのようになる。

$$\dot{x}_1=x_2 \qquad ⑤$$
$$\dot{x}_2=-\frac{K}{M}x_1-\frac{D}{M}x_2+\frac{1}{M}u \qquad ⑥$$
$$y=x_1 \qquad ⑦$$

これらを行列で表現して次式を得る。

$$\begin{bmatrix}\dot{x}_1\\\dot{x}_2\end{bmatrix}=\begin{bmatrix}0 & 1\\-\dfrac{K}{M} & -\dfrac{D}{M}\end{bmatrix}\begin{bmatrix}x_1\\x_2\end{bmatrix}+\begin{bmatrix}0\\\dfrac{1}{M}\end{bmatrix}u \qquad ⑧$$

$$y=\begin{bmatrix}1 & 0\end{bmatrix}\begin{bmatrix}x_1\\x_2\end{bmatrix} \qquad ⑨$$

最後に扱うのは,図 2.5 に示す水位系である。断面積が S〔m²〕であるタンクにおける給水量と水位との関係を求めてみよう。

給水量が一定量 Q〔m³/s〕で定常的にタンクに流入しているとき,同時に同じ Q〔m³/s〕の水量がタンク底の出口から流出しているなら,水位はある一定の高さ H〔m〕を保っている。これを平衡状態と呼ぼう。このとき,ベルヌー

2.2 状態方程式

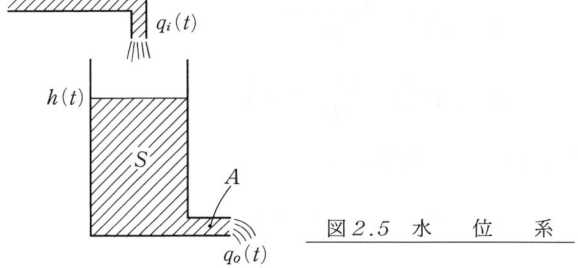

図2.5 水位系

イの定理から水位と流出速度 V [m/s]間に

$$\sqrt{2gH} = V \quad (ただし g は重力加速度) \qquad (2.20)$$

が成り立つので，タンク底の出口の断面積を A [m²]とするとき，Q と H の関係はつぎのように記述できる。

$$Q = A\sqrt{2gH} \qquad (2.21)$$

つぎに，平衡状態から給水量がわずかに変化した場合を考えよう。給水量変化を $q_i(t)$ [m³/s]，流出量変化を $q_o(t)$ [m³/s]，水位変化を $h(t)$ [m]とするとき，水位の時間当りの変化は給水量と流出量の差より生じるので

$$S\frac{d}{dt}(H+h(t)) = (Q+q_i(t)) - (Q+q_o(t)) \qquad (2.22)$$

となる。また，流出量 $Q+q_o(t)$ は，ベルヌーイの定理から

$$Q + q_o(t) = A\sqrt{2g(H+h(t))} \qquad (2.23)$$

と表される。式(2.22)，(2.23)より，給水量変化に伴う水位の動きは

$$S\frac{dh(t)}{dt} = (Q+q_i(t)) - A\sqrt{2g(H+h(t))} \qquad (2.24)$$

となる。上式は，h に関する非線形微分方程式になっていて，このままでは解析が困難である。式(2.18)，(2.19)の形式にするため，平衡状態の近傍で線形化を試みる。

式(2.23)はつぎのように書くことができる。

$$Q + q_o(t) = A\sqrt{2g(H+h(t))}$$

$$= A\sqrt{2gH}\left(1+\frac{h(t)}{H}\right)^{\frac{1}{2}}$$

$$= A\sqrt{2gH}\left(1+\frac{h(t)}{2H}+\cdots\right) \qquad (2.25)$$

上式右辺の2次以上の項を無視すると

$$Q+q_0(t) = A\sqrt{2gH} + A\sqrt{2gH}\,\frac{h(t)}{2H}$$

$$= A\sqrt{2gH} + A\sqrt{\frac{g}{2H}}\,h(t) \qquad (2.26)$$

となる。式(2.21),(2.26)から,次式を得る。

$$q_0(t) = \frac{1}{R}h(t) \qquad (2.27)$$

ただし,R は

$$R = \frac{1}{A}\sqrt{\frac{2H}{g}} \qquad (2.28)$$

で与えられる仮想的な流路抵抗である。式(2.27)は,流出量の変化分 $q_0(t)$ を水位の変化分 $h(t)$ の線形関数として表現している。式(2.23)と式(2.27)を図示すれば図2.6のようになり,式(2.27)は,式(2.23)の平衡点での接線となっている。

したがって式(2.24)は,平衡点の近傍で

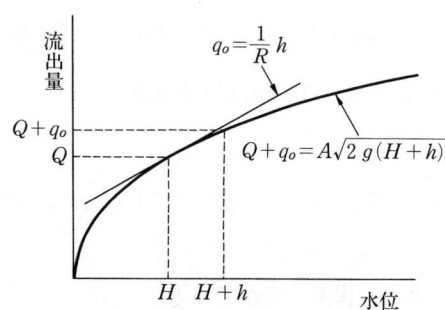

図2.6 水位と流出量との関係

$$RS\frac{dh(t)}{dt}+h(t)=Rq_i(t) \qquad (2.29)$$

と表すことができた。あるいは，水位 $h(t)$ を消去して，給水量変化 $q_i(t)$ と流出量変化 $q_0(t)$ の関係式として表すと

$$RS\frac{dq_0(t)}{dt}+q_0(t)=q_i(t) \qquad (2.30)$$

となる。式(2.29)と式(2.30)はいずれも定数係数の線形微分方程式であって，給水量変化が小さいほど良い近似を与える。

システムの応答

システムまたは要素に,初期値を与えたとき,あるいは外部から入力信号を加えたときの出力信号の変化をシステムの応答という。特に,出力信号の時間的な変化をシステムの時間応答といい,過渡的な時間変化を示すことから,システムの過渡応答ともいう。

3.1 システムの時間応答

制御対象は,入力 m,出力 r,n 次元の線形定係数システム

$$\dot{x}(t) = Ax(t) + Bu(t) \tag{3.1}$$

$$y(t) = Cx(t) \tag{3.2}$$

で表されているとする。したがって,上式において,x, u, y はそれぞれ,n, m, r の大きさのベクトルを表し,また,A, B, C はそれぞれ,$n \times n$, $n \times m$, $r \times n$ の大きさの行列を表している。このシステムの時間応答 $y(t)$ は,式(3.1)の解 $x(t)$ を求め,これを式(3.2)に代入することにより求められる。

まず,入力を $u=0$ とした自律システム

$$\dot{x}(t) = Ax(t), \quad x(0) = x_0 \tag{3.3}$$

3.1 システムの時間応答

の解を求める。方程式(3.3)は，n次元の方程式であり，その解はつぎのようになる。

$$x(t) = e^{At}x_0 \tag{3.4}$$

ここで，e^{At}を状態遷移行列あるいは状態推移行列という。Aが$n \times n$の行列であるから，状態遷移行列e^{At}は，行列指数関数である。e^{At}は行列指数関数ではあるが，スカラの指数関数と同じような性質をもっている。e^{At}の性質に関する詳しい解説は次節に任せることとし，ここでは，その性質を用いて議論を進めることにする。式(3.4)が方程式(3.3)の解であることは，これを微分すると

$$\dot{x}(t) = Ae^{At}x_0 = Ax(t) \tag{3.5}$$

となり，また，初期値に関しても

$$x(0) = e^0 x_0 = x_0 \tag{3.6}$$

となることから確認できる。

つぎに，初期値を$x(0) = x_0$としたときの方程式(3.1)の解を

$$x(t) = e^{At}[x_0 + z(t)], \quad z(0) = 0 \tag{3.7}$$

と仮定すると，初期値

$$x(0) = e^0[x_0 + z(0)] = x_0 \tag{3.8}$$

は満たしている。式(3.7)を方程式(3.1)に代入して$z(t)$を求めよう。

$$左辺 = \frac{d}{dt}\{e^{At}[x_0 + z(t)]\}$$

$$= Ae^{At}[x_0 + z(t)] + e^{At}\dot{z}(t) \tag{3.9}$$

$$右辺 = Ae^{At}[x_0 + z(t)] + Bu(t) \tag{3.10}$$

であるので，上式から$z(t)$は，次式を満たすことがわかる。

$$e^{At}\dot{z}(t) = Bu(t) \tag{3.11}$$

e^{At}の逆行列は次節で示すようにe^{-At}であることから

$$\dot{z}(t) = e^{-At}Bu(t) \tag{3.12}$$

となり，$z(0) = 0$を考慮して上式を積分すると$z(t)$が求まる。

$$z(t) = \int_0^t e^{-A\tau} Bu(\tau) d\tau \tag{3.13}$$

よって方程式(3.1)の解は，式(3.7)の $z(t)$ に式(3.13)を代入することで，つぎのようにまとめることができる。

$$\begin{aligned}
x(t) &= e^{At}[x_0 + z(t)] \\
&= e^{At}\left[x_0 + \int_0^t e^{-A\tau} Bu(\tau) d\tau\right] \\
&= e^{At} x_0 + \int_0^t e^{A(t-\tau)} Bu(\tau) d\tau
\end{aligned} \tag{3.14}$$

解 $x(t)$ は二つの項で表される。第1項は初期値 x_0 と状態遷移行列 e^{At} からなり，入力 $u(t)$ は関係していない。逆に第2項は，入力 $u(t)$ と状態遷移行列 e^{At} の畳込み積分となっており，初期値 x_0 は関係していない。また，先に述べたように，時間応答 $y(t)$ は，式(3.14)の $x(t)$ を式(3.2)に代入することにより求められる。

3.2 状態遷移行列

本節では，状態遷移行列 e^{At} の定義と性質をまとめる。A がスカラ a である場合，指数関数 e^{at} をマクローリン級数に展開すると

$$e^{at} = 1 + at + \frac{1}{2!} a^2 t^2 + \cdots + \frac{1}{k!} a^k t^k + \cdots \tag{3.15}$$

であるので，A が $n \times n$ の行列である場合，行列指数関数 e^{At} を

$$e^{At} = I + At + \frac{1}{2!} A^2 t^2 + \cdots + \frac{1}{k!} A^k t^k + \cdots \tag{3.16}$$

と定義する。ここで I は $n \times n$ の単位行列，t はスカラである。この関数の性質について，まず，微分を考えよう。

$$\begin{aligned}
\frac{d}{dt} e^{At} &= \frac{d}{dt}\left(I + At + \frac{1}{2!} A^2 t^2 + \cdots + \frac{1}{k!} A^k t^k + \cdots\right) \\
&= 0 + A + \frac{2}{2!} A^2 t + \frac{3}{3!} A^3 t^2 + \cdots + \frac{k}{k!} A^k t^{k-1} + \cdots
\end{aligned}$$

3.2 状態遷移行列

$$= A + A^2 t + \frac{1}{2!}A^3 t^2 + \cdots + \frac{1}{k!}A^{k+1}t^k + \cdots$$

$$= Ae^{At} = e^{At}A \tag{3.17}$$

積分については

$$\int_0^t e^{A\tau}d\tau = It + \frac{1}{2}At^2 + \frac{1}{3\cdot 2!}A^2 t^3 + \cdots + \frac{1}{k(k-1)!}A^{k-1}t^k + \cdots$$

$$= It + \frac{1}{2!}At^2 + \frac{1}{3!}A^2 t^3 + \cdots + \frac{1}{k!}A^{k-1}t^k + \cdots \tag{3.18}$$

であるから

$$A\int_0^t e^{A\tau}d\tau = \left\{\int_0^t e^{A\tau}d\tau\right\}A$$

$$= At + \frac{1}{2!}A^2 t^2 + \frac{1}{3!}A^3 t^3 + \cdots + \frac{1}{k!}A^k t^k + \cdots$$

$$= e^{At} - I \tag{3.19}$$

が成立する。したがって，A が正則行列である場合

$$\int_0^t e^{A\tau}d\tau = A^{-1}(e^{At} - I) = (e^{At} - I)A^{-1} \tag{3.20}$$

となる。これは，A がスカラ a であるときの

$$\int_0^t e^{a\tau}d\tau = \frac{1}{a}(e^{at} - 1) \tag{3.21}$$

と同じ形をしている。

微分・積分に加えて，状態遷移行列の重要な性質としてつぎのものがある。

(ⅰ) $e^0 = I$ \hfill (3.22)

(ⅱ) $e^{At}e^{A\tau} = e^{A(t+\tau)}$ \hfill (3.23)

(ⅲ) $(e^{At})^{-1} = e^{-At}$ \hfill (3.24)

上記の性質(ⅰ)は，定義式(3.16)において $t=0$ とすることにより，すぐにわかる。性質(ⅱ)は，定義式(3.16)を式(3.23)に代入して確認する。

$$e^{At}e^{A\tau} = \left(I + At + \frac{1}{2!}A^2 t^2 + \frac{1}{3!}A^3 t^3 + \cdots\right)$$

$$\times \left(I + A\tau + \frac{1}{2!}A^2 \tau^2 + \frac{1}{3!}A^3 \tau^3 + \cdots\right)$$

$$= I + A(t+\tau) + \frac{1}{2!}A^2 t^2 + A^2 t\tau + \frac{1}{2!}A^2 \tau^2$$

$$+ \frac{1}{3!}A^3 t^3 + \frac{1}{2!}A^3 t^2 \tau + \frac{1}{2!}A^3 t\tau^2 + \frac{1}{3!}A^3 \tau^3 + \cdots$$

$$= I + A(t+\tau) + \frac{1}{2!}A^2(t^2 + 2t\tau + \tau^2)$$

$$+ \frac{1}{3!}A^3(t^3 + 3t^2\tau + 3t\tau^2 + \tau^3) + \cdots$$

$$= I + A(t+\tau) + \frac{1}{2!}A^2(t+\tau)^2 + \frac{1}{3!}A^3(t+\tau)^3 + \cdots$$

$$= e^{A(t+\tau)} \tag{3.25}$$

式(3.23)において $\tau = -t$ とおくと

$$e^{At} e^{-At} = e^0 = I \tag{3.26}$$

となるので，e^{At} の逆行列を $(e^{At})^{-1}$ で表すとき，性質(iii)が成立する．

3.3　状態遷移行列の計算

　システムの時間応答を計算するには式(3.14)によればよいが，この式には状態遷移行列 e^{At} が含まれるので，これが求められていなければならない．そこで，状態遷移行列 e^{At} を求める方法について述べる．

　式(3.1)の両辺をラプラス変換すると

$$sX(s) - x_0 = AX(s) + BU(s) \tag{3.27}$$

となる．よって，上式を $X(s)$ について解くことにより

$$X(s) = (sI - A)^{-1} x_0 + (sI - A)^{-1} BU(s) \tag{3.28}$$

を得る．ただし，$X(s)$, $U(s)$ はそれぞれ，$x(t)$, $u(t)$ のラプラス変換を表す．式(3.1)の解 $x(t)$ は，$X(s)$ をラプラス逆変換することで求められるから，$\mathcal{L}^{-1}$ をラプラス逆変換の記号とするとき

$$x(t) = \mathcal{L}^{-1}[X(s)]$$

$$= \{\mathcal{L}^{-1}[(sI-A)^{-1}]\} x_0 + \mathcal{L}^{-1}[(sI-A)^{-1} BU(s)] \tag{3.29}$$

となる．上式の右辺第1項は，初期値 x_0 に関係し，入力 $u(t)$ は関係していな

3.3 状態遷移行列の計算

い。逆に第2項は，入力 $u(t)$ に関係し，初期値 x_0 は関係していない。このことに注意して先に求めた解

$$x(t) = e^{At}x_0 + \int_0^t e^{A(t-\tau)}Bu(\tau)\,d\tau \qquad (3.14\text{再掲})$$

と比較することにより

$$\mathcal{L}^{-1}[(sI-A)^{-1}] = e^{At} \qquad (3.30)$$

$$\mathcal{L}^{-1}[(sI-A)^{-1}BU(s)] = \int_0^t e^{A(t-\tau)}Bu(\tau)\,d\tau \qquad (3.31)$$

の関係が成立していることがわかる。すなわち，$(sI-A)^{-1}$ のラプラス逆変換を求めれば，e^{At} を得ることができる。

例題 3.1 状態遷移行列 e^{At} を求めよ。ここで

$$A = \begin{bmatrix} 0 & 1 \\ -2 & -3 \end{bmatrix}$$

である。

解 まず，$(sI-A)^{-1}$ を計算しよう。

$$\begin{aligned}
(sI-A)^{-1} &= \begin{bmatrix} s & -1 \\ 2 & s+3 \end{bmatrix}^{-1} \\
&= \frac{1}{(s+1)(s+2)} \begin{bmatrix} s+3 & 1 \\ -2 & s \end{bmatrix} \\
&= \begin{bmatrix} \dfrac{2}{s+1} + \dfrac{-1}{s+2} & \dfrac{1}{s+1} + \dfrac{-1}{s+2} \\ \dfrac{-2}{s+1} + \dfrac{2}{s+2} & \dfrac{-1}{s+1} + \dfrac{2}{s+2} \end{bmatrix} \qquad ①
\end{aligned}$$

となるから，式①をラプラス逆変換することにより

$$\begin{aligned}
e^{At} &= \mathcal{L}^{-1}[(sI-A)^{-1}] \\
&= \begin{bmatrix} 2e^{-t} - e^{-2t} & e^{-t} - e^{-2t} \\ -2e^{-t} + 2e^{-2t} & -e^{-t} + 2e^{-2t} \end{bmatrix} \qquad ②
\end{aligned}$$

を得る。

例題 3.2 制御対象が次式で与えられている。

$$\dot{x}(t) = \begin{bmatrix} 0 & 1 \\ -2 & -3 \end{bmatrix}x(t) + \begin{bmatrix} 0 \\ 1 \end{bmatrix}u(t) \qquad ①$$

$$x_0 = \begin{bmatrix} 1 \\ 0 \end{bmatrix}, \quad u(t) = 1, \quad t \geq 0 \qquad ②$$

このときのシステムの時間応答を求めよ。

解 システム 式(3.1)の解である

$$x(t) = e^{At}x_0 + \int_0^t e^{A(t-\tau)}Bu(\tau)d\tau \qquad (3.14 \text{ 再掲})$$

に式②の $x(t)$ の初期値と操作量 $u(t)$ を代入する。

$$x(t) = e^{At}\begin{bmatrix} 1 \\ 0 \end{bmatrix} + \int_0^t e^{A(t-\tau)}\begin{bmatrix} 0 \\ 1 \end{bmatrix}d\tau \qquad ③$$

ここで,状態遷移行列 e^{At} は,例題 3.1 ですでに求めてあるので,上式はつぎのように計算される。

$$x(t) = \begin{bmatrix} 2e^{-t} - e^{-2t} \\ -2e^{-t} + 2e^{-2t} \end{bmatrix} + \int_0^t \begin{bmatrix} e^{-(t-\tau)} - e^{-2(t-\tau)} \\ -e^{-(t-\tau)} + 2e^{-2(t-\tau)} \end{bmatrix}d\tau$$

$$= \begin{bmatrix} 2e^{-t} - e^{-2t} \\ -2e^{-t} + 2e^{-2t} \end{bmatrix} + \begin{bmatrix} \dfrac{1}{2} - e^{-t} + \dfrac{1}{2}e^{-2t} \\ e^{-t} - e^{-2t} \end{bmatrix}$$

$$= \begin{bmatrix} \dfrac{1}{2} + e^{-t} - \dfrac{1}{2}e^{-2t} \\ -e^{-t} + e^{-2t} \end{bmatrix} \qquad ④$$

例題 3.3 制御対象が次式で与えられている。

$$\dot{x}(t) = \begin{bmatrix} 0 & 1 \\ -3 & -4 \end{bmatrix}x(t) + \begin{bmatrix} 0 \\ 1 \end{bmatrix}u(t) \qquad ①$$

$$x_0 = \begin{bmatrix} 2 \\ 0 \end{bmatrix}, \quad u(t) = 1, \quad t \geq 0 \qquad ②$$

このときのシステムの時間応答を求めよ。

解 システムの時間応答は

$$x(t) = e^{At}x_0 + \int_0^t e^{A(t-\tau)}Bu(\tau)d\tau \qquad ③$$

であるから,$x(t)$ の初期値と操作量 $u(t)$ を代入すると

$$x(t) = e^{At}\begin{bmatrix} 2 \\ 0 \end{bmatrix} + \int_0^t e^{A(t-\tau)}\begin{bmatrix} 0 \\ 1 \end{bmatrix}d\tau \qquad ④$$

となる。つぎに状態遷移行列 e^{At} を求めるために,まず,$(sI-A)^{-1}$ を計算しよう。

$$(sI-A)^{-1} = \begin{bmatrix} s & -1 \\ 3 & s+4 \end{bmatrix}^{-1}$$

$$= \frac{1}{(s+1)(s+3)} \begin{bmatrix} s+4 & 1 \\ -3 & s \end{bmatrix}$$

$$= \begin{bmatrix} \dfrac{\dfrac{3}{2}}{s+1} + \dfrac{-\dfrac{1}{2}}{s+3} & \dfrac{\dfrac{1}{2}}{s+1} + \dfrac{-\dfrac{1}{2}}{s+3} \\ \dfrac{-\dfrac{3}{2}}{s+1} + \dfrac{\dfrac{3}{2}}{s+3} & \dfrac{-\dfrac{1}{2}}{s+1} + \dfrac{\dfrac{3}{2}}{s+3} \end{bmatrix} \qquad ⑤$$

式⑤をラプラス逆変換すると

$$e^{At} = \mathcal{L}^{-1}[(sI-A)^{-1}]$$

$$= \begin{bmatrix} \dfrac{3}{2}e^{-t} - \dfrac{1}{2}e^{-3t} & \dfrac{1}{2}e^{-t} - \dfrac{1}{2}e^{-3t} \\ -\dfrac{3}{2}e^{-t} + \dfrac{3}{2}e^{-3t} & -\dfrac{1}{2}e^{-t} + \dfrac{3}{2}e^{-3t} \end{bmatrix} \qquad ⑥$$

となり，状態遷移行列を得ることができた。式⑥を式④に代入して，次式を得る。

$$x(t) = \begin{bmatrix} 3e^{-t} - e^{-3t} \\ -3e^{-t} + 3e^{-3t} \end{bmatrix} + \begin{bmatrix} \int_0^t \left(\dfrac{1}{2}e^{-(t-\tau)} - \dfrac{1}{2}e^{-3(t-\tau)} \right) d\tau \\ \int_0^t \left(-\dfrac{1}{2}e^{-(t-\tau)} + \dfrac{3}{2}e^{-3(t-\tau)} \right) d\tau \end{bmatrix}$$

$$= \begin{bmatrix} \dfrac{1}{3} + \dfrac{5}{2}e^{-t} - \dfrac{5}{6}e^{-3t} \\ -\dfrac{5}{2}e^{-t} + \dfrac{5}{2}e^{-3t} \end{bmatrix} \qquad ⑦$$

演 習 問 題

〔1〕 状態遷移行列 e^{At} を求めよ。ここで，$A = \begin{bmatrix} 10 & 18 \\ -10 & -17 \end{bmatrix}$ である。

〔2〕 つぎのシステムの時間応答を求めよ。

$$\dot{x}(t) = \begin{bmatrix} -5 & 4 \\ -5 & 3 \end{bmatrix} x(t) + \begin{bmatrix} 1 \\ 1 \end{bmatrix} u(t)$$

$$x_0 = \begin{bmatrix} 1 \\ 0 \end{bmatrix}, \quad u(t) = 1, \quad t \geq 0$$

システムの安定性

制御する第1の目的はシステムの安定化である．本章では，システムの安定性を解説する．あわせて，固有値の位置と応答性についても議論する．また，システムが安定か不安定かを特性方程式の係数で判断できるラウス・フルビッツの安定判別法，安定解析にしばしば用いられるリアプノフの安定定理を紹介する．

4.1 固有値，安定と不安定，モード展開

$n \times n$ 正方行列 A において

$$|sI - A| = 0 \tag{4.1}$$

とする s を行列 A の固有値といい，$\lambda_i(A)$ あるいは単に λ_i と記述する．すなわち，n 次の特性方程式

$$s^n + a_{n-1}s^{n-1} + \cdots + a_1 s + a_0 = 0 \tag{4.2}$$

の根 $\lambda_1, \lambda_2, \cdots, \lambda_n$ を行列 A の固有値という．A の任意の固有値 λ_i に対し

$$Av_i = \lambda_i v_i, \quad i = 1, \cdots, n \tag{4.3}$$

を満たすゼロでない n 次元ベクトルを固有値 λ_i に対応する固有ベクトルという．

4.1 固有値，安定と不安定，モード展開

行列 A が実数を要素とする行列のとき，固有値は実数もしくは共役複素数となるので，固有ベクトルも実数ベクトルもしくは共役複素ベクトルとなる。以下，簡単のため固有値 $\lambda_1, \lambda_2, \cdots, \lambda_n$ がすべて相異なる場合を考えよう。このとき n 本の固有ベクトル $v_1, v_2, \cdots, v_n$ は線形独立となり，これらを横に並べて作る $n \times n$ 正方行列

$$T = [v_1 \quad v_2 \quad \cdots \quad v_n] \tag{4.4}$$

は正則となる。この行列 T を用いて

$$\dot{x}(t) = Ax(t) \tag{4.5}$$

を座標変換して自律システムの安定性について考察する。座標変換

$$x(t) = Tz(t) \tag{4.6}$$

をシステム 式(4.5)に施すと，解 $x(t)$ はつぎのようになる。ただし，座標変換については 5 章で詳しく述べる。

$$x(t) = e^{At}x(0) \tag{4.7}$$

$$= T \begin{bmatrix} e^{\lambda_1 t} & & & \\ & e^{\lambda_2 t} & & \\ & & \ddots & \\ & & & e^{\lambda_n t} \end{bmatrix} T^{-1} x(0)$$

$$= [v_1 \quad v_2 \quad \cdots \quad v_n] \begin{bmatrix} e^{\lambda_1 t} & & & \\ & e^{\lambda_2 t} & & \\ & & \ddots & \\ & & & e^{\lambda_n t} \end{bmatrix} \begin{bmatrix} z_1(0) \\ z_2(0) \\ \vdots \\ z_n(0) \end{bmatrix}$$

$$= v_1 e^{\lambda_1 t} z_1(0) + v_2 e^{\lambda_2 t} z_2(0) + \cdots + v_n e^{\lambda_n t} z_n(0) \tag{4.8}$$

$$= v_1 z_1(t) + v_2 z_2(t) + \cdots + v_n z_n(t) \tag{4.9}$$

$z_i(t)$ をモードといい，式(4.9)をモード展開という。まず，$e^{\lambda_i t}$ の振舞いについて考えよう。固有値は一般に複素数で

$$\lambda_i = \alpha_i + j\beta_i \tag{4.10}$$

と書けるので

$$|e^{\lambda_i t}|=|e^{(\alpha_i+j\beta_i)t}|$$
$$=|e^{\alpha_i t}\|e^{j\beta_i t}|$$
$$=|e^{\alpha_i t}\|\cos\beta_i t+j\sin\beta_i t|$$
$$=|e^{\alpha_i t}| \qquad (4.11)$$

となり，$\lim_{t\to\infty} e^{\lambda_i t}=0$ となるには，$\alpha_i<0$，すなわち固有値の実部が負であることが必要十分条件となっていることがわかる。$z(0)$ と $x(0)$ には式(4.6)に示す1対1の関係があることから，すべての初期値 $x(0)$ に対して

$$\lim_{t\to\infty} x(t)=0 \qquad (4.12)$$

となるための必要十分条件は，行列 A のすべての固有値 λ の実部が負となることである。これを式で

$$\mathrm{Re}(\lambda_i)<0, \quad \forall i \qquad (4.13)$$

と書く。また，式(4.12)なるとき，システム(4.5)は漸近安定であるという。行列 A の固有値のうち，$\mathrm{Re}(\lambda_i)>0$ の固有値が一つでもあれば，$\lim_{t\to\infty} e^{\lambda_i t}=\infty$ となるので，ある初期値 $x(0)$ に対して $\lim_{t\to\infty} x(t)=\infty$ となる。このとき，システムは不安定であるという。また，安定と不安定の境界である，複素平面における虚軸上に固有値がある場合は減衰ゼロの振舞いをする。このとき，システムはリアプノフの意味で安定であるということもあるが，通常，制御系設計では不安定と見なす。

4.2 低次系の時間応答波形

システム行列 A は実数を要素とする行列なので，この固有値は実数もしくは共役複素数となる。したがって，モード展開したときの基本の振舞いを表す $e^{\lambda_i t}$ で用いている固有値 λ_i は，実数もしくは共役複素数である。本節では，基本の振舞い $e^{\lambda_i t}$ の時間応答波形を調べる。

まず，固有値 λ が実数 α ならば，$e^{\alpha t}$ の時間応答波形は図4.1のようになる。$\alpha<0$ ならば，時間とともに減衰することがわかる。もう少し具体的に議

4.2 低次系の時間応答波形

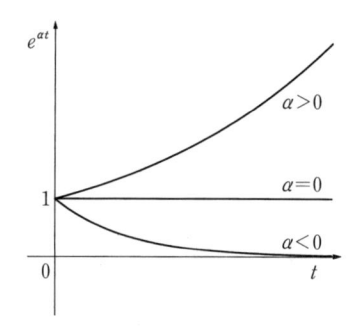

図 4.1 $e^{\alpha t}$ の時間応答

論するため，システムの伝達関数が 1 次遅れ系で表されている場合を考えよう。ただし，伝達関数に関しては，6 章でまとめてあるので，そちらを参照のこと。1 次遅れ系は

$$G(s) = \frac{1}{Ts+1} \tag{4.14}$$

で表され，係数 T は時定数と呼ばれる正の実数である。システムの特性多項式は伝達関数の分母にあたるので，分母をゼロにする s（これを極と呼ぶ）がシステムの特性根，すなわち固有値である。

$$Ts+1=0 \tag{4.15}$$

を解くと，固有値 λ は

$$\lambda = -\frac{1}{T} \tag{4.16}$$

となるから，負の実数であることがわかる。1 次遅れ系の単位インパルス応答は

$$\begin{aligned}
y(t) &= \mathcal{L}^{-1}[G(s)] \\
&= \mathcal{L}^{-1}\left[\frac{\frac{1}{T}}{s+\frac{1}{T}}\right] \\
&= \frac{1}{T} e^{-\frac{1}{T}t}
\end{aligned} \tag{4.17}$$

と求められ，出力 $y(t)$ は図 4.2 のようになり，時定数 T が小さいほど急激に減衰し，T が大きいといつまでもインパルス入力の影響が残る。また，1 次

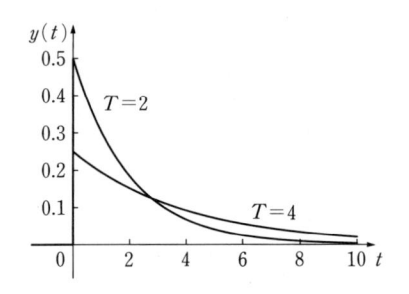

図4.2 1次遅れ系の単位インパルス応答

遅れ系の単位ステップ応答は

$$y(t) = \mathcal{L}^{-1}[Y(s)]$$

$$= \mathcal{L}^{-1}\left[G(s)\frac{1}{s}\right]$$

$$= \mathcal{L}^{-1}\left[\frac{\frac{1}{T}}{\left(s+\frac{1}{T}\right)s}\right]$$

$$= \mathcal{L}^{-1}\left[\frac{1}{s} - \frac{1}{s+\frac{1}{T}}\right]$$

$$= 1 - e^{-\frac{1}{T}t} \tag{4.18}$$

となる。上式から，単位インパルス応答 式 (4.17)の係数を1にした $e^{-\frac{1}{T}t}$ を1から引いたものが単位ステップ応答 式(4.18)であり，基本の振舞いは $e^{-\frac{1}{T}t}$ であることがわかる。

単位ステップ応答 式(4.18)で $t=T$ とすると

$$y(T) = 1 - e^{-1}$$

$$\cong 0.632 \tag{4.19}$$

となり，時刻 T での出力は最終値の 63.2% である。また，応答波形の $t=0$ における接線の傾きを計算すると

$$\left.\frac{dy(t)}{dt}\right|_{t=0} = 0 + \frac{1}{T}e^{-\frac{1}{T}t}\bigg|_{t=0}$$

4.2 低次系の時間応答波形

$$= \frac{1}{T} \qquad (4.20)$$

となるから，接線が最終値と交わる時刻が T であることがわかる．図 4.3 に 1 次遅れ系の単位ステップ応答を示す．

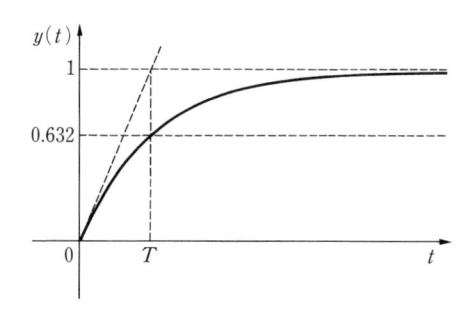

図 4.3　1 次遅れ系の単位ステップ応答

つぎに，2 次遅れ系の時間応答波形を調べよう．2 次遅れ系の伝達関数は

$$G(s) = \frac{\omega_n^2}{s^2 + 2\zeta\omega_n s + \omega_n^2} \qquad (4.21)$$

で表す．ここで，ω_n を固有角周波数，ζ を減衰係数という．ζ の値によって 2 次遅れ系の性質が異なってくる．

〔**1**〕　**$\zeta > 1$ の場合**　　固有値は実数で

$$\lambda_1 = -\zeta\omega_n + \omega_n\sqrt{\zeta^2 - 1} \qquad (4.22)$$

$$\lambda_2 = -\zeta\omega_n - \omega_n\sqrt{\zeta^2 - 1} \qquad (4.23)$$

となるから，この場合，伝達関数はつぎのように書くことができる．

$$G(s) = \frac{1}{(T_1 s + 1)(T_2 s + 1)} \qquad (4.24)$$

ただし，T_1, T_2 は正の実数で

$$T_1 = \frac{1}{\omega_n(\zeta - \sqrt{\zeta^2 - 1})} \qquad (4.25)$$

$$T_2 = \frac{1}{\omega_n(\zeta + \sqrt{\zeta^2 - 1})} \qquad (4.26)$$

である．これは，1 次遅れ系の直列結合と見なすことができ，単位インパルス応答はつぎのようになる．

$$y(t) = \mathcal{L}^{-1}[Y(s)]$$

$$= \mathcal{L}^{-1}\left[\frac{\omega_n^2}{(s-\lambda_1)(s-\lambda_2)}\right]$$

$$= \frac{\omega_n^2}{\lambda_1-\lambda_2}\mathcal{L}^{-1}\left[\frac{1}{s-\lambda_1} - \frac{1}{s-\lambda_2}\right]$$

$$= \frac{\omega_n^2}{\lambda_1-\lambda_2}\{e^{\lambda_1 t} - e^{\lambda_2 t}\} \tag{4.27}$$

上式に式(4.22), (4.23)を代入して, 固有角周波数 ω_n と減衰係数 ζ で表す.

$$y(t) = \frac{\omega_n^2}{\lambda_1-\lambda_2}\{e^{\lambda_1 t} - e^{\lambda_2 t}\}$$

$$= \frac{\omega_n^2}{-\zeta\omega_n + \omega_n\sqrt{\zeta^2-1} + \zeta\omega_n + \omega_n\sqrt{\zeta^2-1}}$$

$$\times \{e^{(-\zeta\omega_n + \omega_n\sqrt{\zeta^2-1})t} - e^{(-\zeta\omega_n + \omega_n\sqrt{\zeta^2-1})t}\}$$

$$= \frac{\omega_n}{2\sqrt{\zeta^2-1}}\{e^{-(\zeta-\sqrt{\zeta^2-1})\omega_n t} - e^{-(\zeta+\sqrt{\zeta^2-1})\omega_n t}\} \tag{4.28}$$

つぎに, 単位ステップ応答は

$$y(t) = \mathcal{L}^{-1}[Y(s)]$$

$$= \mathcal{L}^{-1}\left[\frac{\omega_n^2}{(s-\lambda_1)(s-\lambda_2)s}\right]$$

$$= \mathcal{L}^{-1}\left[\frac{\omega_n^2}{\lambda_1\lambda_2}\frac{1}{s} + \frac{\omega_n^2}{\lambda_1(\lambda_1-\lambda_2)}\frac{1}{s-\lambda_1} + \frac{\omega_n^2}{\lambda_2(\lambda_2-\lambda_1)}\frac{1}{s-\lambda_2}\right]$$

$$= \frac{\omega_n^2}{\lambda_1\lambda_2} + \frac{\omega_n^2}{\lambda_1(\lambda_1-\lambda_2)}e^{\lambda_1 t} + \frac{\omega_n^2}{\lambda_2(\lambda_2-\lambda_1)}e^{\lambda_2 t} \tag{4.29}$$

となる. これも, 式(4.22), (4.23)を代入して, 固有角周波数 ω_n と減衰係数 ζ で表す. まず

$$\lambda_1\lambda_2 = \zeta^2\omega_n^2 - \omega_n^2(\zeta^2-1)$$

$$= \omega_n^2 \tag{4.30}$$

であるから, 式(4.29)はつぎのように書くことができる.

$$y(t) = 1 + \frac{\lambda_2}{\lambda_1-\lambda_2}e^{\lambda_1 t} + \frac{\lambda_1}{\lambda_2-\lambda_1}e^{\lambda_2 t}$$

$$= 1 + \frac{-(\zeta+\sqrt{\zeta^2-1})\omega_n}{2\omega_n\sqrt{\zeta^2-1}} e^{-(\zeta-\sqrt{\zeta^2-1})\omega_n t}$$

$$+ \frac{-(\zeta-\sqrt{\zeta^2-1})\omega_n}{-2\omega_n\sqrt{\zeta^2-1}} e^{-(\zeta+\sqrt{\zeta^2-1})\omega_n t}$$

$$= 1 - \frac{1}{2\sqrt{\zeta^2-1}}\{(\zeta+\sqrt{\zeta^2-1})e^{-(\zeta-\sqrt{\zeta^2-1})w_n t}$$

$$- (\zeta-\sqrt{\zeta^2-1})e^{-(\zeta+\sqrt{\zeta^2-1})w_n t}\} \tag{4.31}$$

〔2〕 **ζ=1の場合**　　固有値は実数の重根

$$\lambda_1 = \lambda_2 = -\omega_n \tag{4.32}$$

となり，単位インパルス応答はつぎのようになる。

$$y(t) = \mathcal{L}^{-1}[Y(s)]$$

$$= \mathcal{L}^{-1}\left[\frac{\omega_n^2}{(s+\omega_n)^2}\right]$$

$$= \omega_n^2 \mathcal{L}^{-1}\left[\frac{1}{(s+\omega_n)^2}\right]$$

$$= \omega_n^2 t e^{-\omega_n t} \tag{4.33}$$

また，単位ステップ応答は

$$y(t) = \mathcal{L}^{-1}[Y(s)]$$

$$= \mathcal{L}^{-1}\left[\frac{\omega_n^2}{s(s+\omega_n)^2}\right]$$

$$= \mathcal{L}^{-1}\left[\frac{1}{s} - \frac{1}{s+\omega_n} - \frac{\omega_n}{(s+\omega_n)^2}\right]$$

$$= 1 - (1+\omega_n t)e^{-\omega_n t} \tag{4.34}$$

となる。

〔3〕 **0<ζ<1の場合**　　固有値は，共役複素数となり，つぎのように計算される。

$$\lambda_1 = -\zeta\omega_n + j\omega_n\sqrt{1-\zeta^2} \tag{4.35}$$

$$\lambda_2 = -\zeta\omega_n - j\omega_n\sqrt{1-\zeta^2} \tag{4.36}$$

単位インパルス応答は，式(4.27)と同じく

$$y(t) = \frac{\omega_n^2}{\lambda_1 - \lambda_2}\{e^{\lambda_1 t} - e^{\lambda_2 t}\} \qquad (4.37)$$

となる。式(4.37)では，λ_1, λ_2 は実数であったが，式(4.37)では，共役複素数である。式(4.37)に式(4.35)，(4.36)を代入する。

$$y(t) = \frac{\omega_n^2}{\lambda_1 - \lambda_2}\{e^{\lambda_1 t} - e^{\lambda_2 t}\}$$

$$= \frac{\omega_n^2}{-\zeta\omega_n + j\omega_n\sqrt{1-\zeta^2} + \zeta\omega_n + j\omega_n\sqrt{1-\zeta^2}}$$
$$\times \{e^{-\zeta\omega_n t}e^{j\omega_n\sqrt{1-\zeta^2}t} - e^{-\zeta\omega_n t}e^{-j\omega_n\sqrt{1-\zeta^2}t}\}$$

$$= \frac{\omega_n}{2j\sqrt{1-\zeta^2}}e^{-\zeta\omega_n t}\{e^{j\omega_n\sqrt{1-\zeta^2}t} - e^{-j\omega_n\sqrt{1-\zeta^2}t}\} \qquad (4.38)$$

ここで，複素数の指数関数定義式

$$e^{j\theta} = \cos\theta + j\sin\theta \qquad (4.39)$$

$$e^{-j\theta} = \cos\theta - j\sin\theta \qquad (4.40)$$

から，次式が成り立つことがわかる。

$$e^{j\theta} - e^{-j\theta} = 2j\sin\theta \qquad (4.41)$$

上式を使うと式(4.38)はつぎのようになる。

$$y(t) = \frac{\omega_n}{\sqrt{1-\zeta^2}}e^{-\zeta\omega_n t}\sin(\omega_n\sqrt{1-\zeta^2}\,t) \qquad (4.42)$$

式(4.42)から明らかなように，正弦波の係数として指数関数が掛かっている形となっている。正弦波の角速度は $\omega_n\sqrt{1-\zeta^2}$ であり，これは式(4.35)，(4.36)から，固有値の虚部である。すなわち，実軸から離れるほど振動の周期が短くなる。また，指数関数の時間 t に掛かる係数 $-\zeta\omega_n$ は，固有値の実部である。すなわち，虚軸から遠ざかるほど減衰が激しくなることがわかる。

つぎに単位ステップ応答を求めよう。まず

$$Y(s) = \frac{\omega_n^2}{s^2 + 2\zeta\omega_n s + \omega_n^2}\frac{1}{s} \qquad (4.43)$$

をつぎの形の部分分数に展開することを試みる。

$$Y(s) = \frac{A}{s} + \frac{B(s+\zeta\omega_n) + C\omega_n\sqrt{1-\zeta^2}}{(s+\zeta\omega_n)^2 + (1-\zeta^2)\omega_n^2} \qquad (4.44)$$

上式の通分したときの分子が式(4.43)の分子と同じになるためには，A, B, C は，s に関するつぎの恒等式を満たさなくてはならない．

$$A(s^2+2\zeta\omega_n s+\omega_n^2)+Bs(s+\zeta\omega_n)+Cs\omega_n\sqrt{1-\zeta^2}=\omega_n^2 \quad (4.45)$$

係数比較法により，A, B, C に関するつぎの連立方程式が得られる．

$$A+B=0 \quad (4.46)$$

$$2A\zeta\omega_n+B\zeta\omega_n+C\omega_n\sqrt{1-\zeta^2}=0 \quad (4.47)$$

$$A\omega_n^2=\omega_n^2 \quad (4.48)$$

これらから

$$A=1, \quad B=-1, \quad C=-\frac{\zeta}{\sqrt{1-\zeta^2}} \quad (4.49)$$

となる．よって，式(4.43)は，つぎのように書くことができる．

$$Y(s)=\frac{1}{s}-\frac{(s+\zeta\omega_n)}{(s+\zeta\omega_n)^2+(\omega_n\sqrt{1-\zeta^2})^2}-\frac{\frac{\zeta}{\sqrt{1-\zeta^2}}\omega_n\sqrt{1-\zeta^2}}{(s+\zeta\omega_n)^2+(\omega_n\sqrt{1-\zeta^2})^2} \quad (4.50)$$

上式をラプラス逆変換する．

$$\begin{aligned}y(t)&=1-e^{-\zeta\omega_n t}\cos\omega_n\sqrt{1-\zeta^2}\,t-e^{-\zeta\omega_n t}\frac{\zeta}{\sqrt{1-\zeta^2}}\sin\omega_n\sqrt{1-\zeta^2}\,t\\&=1-e^{-\zeta\omega_n t}\Big(\cos\omega_n\sqrt{1-\zeta^2}\,t+\frac{\zeta}{\sqrt{1-\zeta^2}}\sin\omega_n\sqrt{1-\zeta^2}\,t\Big)\\&=1-\frac{1}{\sqrt{1-\zeta^2}}e^{-\zeta\omega_n t}(\sqrt{1-\zeta^2}\cos\omega_n\sqrt{1-\zeta^2}\,t+\zeta\sin\omega_n\sqrt{1-\zeta^2}\,t)\end{aligned}$$

$$(4.51)$$

ここで，図4.4のように φ を定義すると式(4.51)は

$$\begin{aligned}y(t)&=1-\frac{1}{\sqrt{1-\zeta^2}}e^{-\zeta\omega_n t}(\sin\varphi\cos\omega_n\sqrt{1-\zeta^2}\,t+\cos\varphi\sin\omega_n\sqrt{1-\zeta^2}\,t)\\&=1-\frac{1}{\sqrt{1-\zeta^2}}e^{-\zeta\omega_n t}\sin(\omega_n\sqrt{1-\zeta^2}\,t+\varphi) \quad (4.52)\end{aligned}$$

図4.4 ζとφの関係

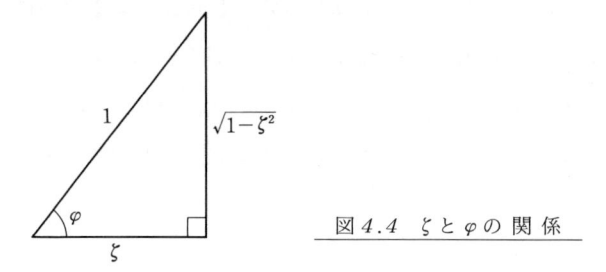

ただし

$$\varphi = \tan^{-1}\frac{\sqrt{1-\zeta^2}}{\zeta} \tag{4.53}$$

となる。図4.5に2次遅れ系の単位ステップ応答を示す。

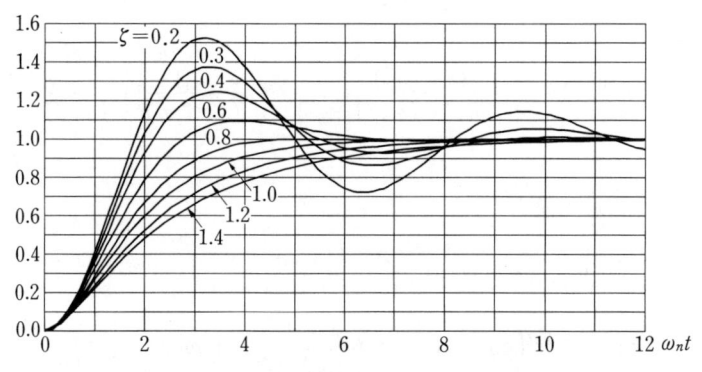

図4.5 2次遅れ系の単位ステップ応答

〔4〕 **ζ＝0の場合**　インパルス応答は

$$y(t) = \mathcal{L}^{-1}\left[\frac{\omega_n^2}{s^2+\omega_n^2}\right]$$

$$= \omega_n \mathcal{L}^{-1}\left[\frac{\omega_n}{s^2+\omega_n^2}\right]$$

$$= \omega_n \sin \omega_n t \tag{4.54}$$

となる。また，ステップ応答は

$$y(t) = \mathcal{L}^{-1}\left[\frac{\omega_n^2}{s^2+\omega_n^2}\frac{1}{s}\right]$$

$$= \mathcal{L}^{-1}\left[\frac{1}{s} - \frac{s}{s^2 + \omega_n^2}\right]$$

$$= 1 - \cos \omega_n t \qquad (4.55)$$

となる。どちらの応答とも減衰がまったくなく，持続振動することがわかる。

4.3　固有値の位置と応答

　前節では，基本の振舞い $e^{\lambda t}$ の時間応答波形を調べた。そこでは，固有値の値と応答波形の関係を数式で明らかにした。応答は，指数関数的に減衰し，その減衰速度は固有値の実部の値で定まることがわかった。また，固有値の虚部の値で振動の周期が定まることもわかった。

　固有値の複素平面上での位置とステップ応答の関係を図 4.6 に示す。ただし，実軸上は1次遅れ系で，そのほかは2次遅れ系であり，すべて零点のない系である。高次系のステップ応答は，これら基本の振舞いの線形結合となる。

　前節ではさらに，2次遅れ系の伝達関数(4.21)において，減衰係数 ζ の値によって2次遅れ系の性質が異なることを示した。本節では，固有値が共役複

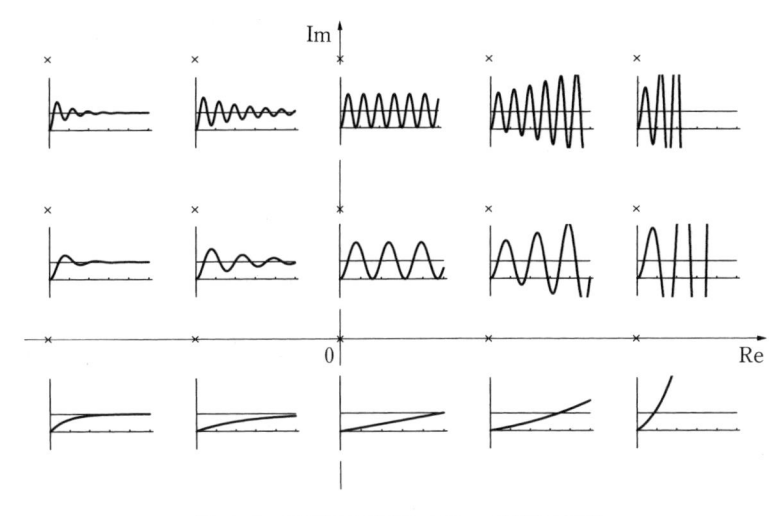

図 4.6　固有値の位置とステップ応答の関係

素数となる $0<\zeta<1$ の場合に限って，減衰係数 ζ が一定の場合の応答を調べる。

まず，式(4.35)，(4.36)で表される共役複素数の固有値 λ_1, λ_2 の複素平面上での位置を示すと図4.7のようになる。固有値と原点を結ぶ直線と虚軸とのなす角 ρ は $\sin^{-1}\zeta$ である。したがって，減衰係数 ζ が一定の場合，固有値はこの直線上に並ぶことがわかる。減衰係数 ζ にいろいろな値を与えたときの応答波形を表した図4.5では横軸を $\omega_n t$ としており，また，この ω_n は，図4.7では固有値と原点との距離となっている。上記のことは，固有値と原点を結ぶ直線上で，原点からの距離が k 倍違う二つの場合を比べるとき，時間軸スケールを k 倍調整すれば応答波形はまったく同じになることを示している。このことを確認するために，減衰係数 ζ を一定とするときのステップ

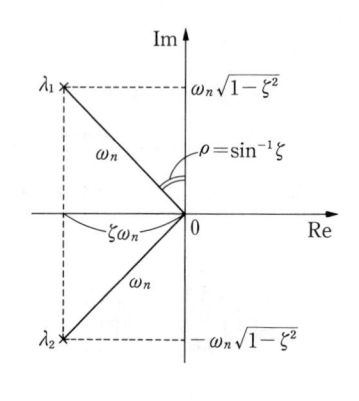

図4.7　共役複素数の固有値の複素平面上での位置

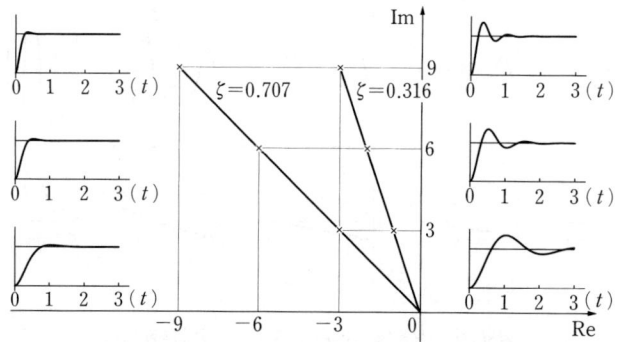

図4.8　ζ を一定にしたときのステップ応答

応答を調べた。その結果を図 4.8 に示す。

4.4 ラウス・フルビッツの安定判別法

システムが安定かどうか調べるには，n 次の特性方程式 式(4.2)を解く必要があるが，システムが高次になると電卓を使っても解を求めるのは困難になる。そこで，解を直接求めることなく，特性方程式の係数から安定か否かを判別する方法であるラウス・フルビッツの安定判別法を紹介する。

特性方程式が

$$a_n s^n + a_{n-1} s^{n-1} + \cdots + a_1 s + a_0 = 0 \tag{4.56}$$

ただし，$a_n > 0$ で表されているとする。このとき，ラウス・フルビッツの安定判別法は，つぎのようにまとめることができる。

（1） 安定であるための必要条件：特性方程式の係数のすべてが正であること。

（2） 安定であるための必要十分条件：ラウス表の最左端の列に注目し，すべてが正であること。

（1）の安定であるための必要条件は，係数を一目しただけで満足しているかどうか判断できる。もしも，係数 a_i, $i = 0, \cdots, n-1$ に，負あるいはゼロがあれば，調べようとしているシステムは不安定である。しかし，この条件は必要条件にすぎないから，すべての符号が正であるからといって，システムが安定であるとは限らないことに注意したい。（2）は，必要十分条件である。ラウス表の作り方は後で述べる。ラウス表の最左端の列に負あるいはゼロのものがあればシステムは不安定であり，正と負の符号変化の回数が不安定な特性根の数に相当する。

ラウス表の作り方について以下において説明する。まず，特性方程式の係数 a_i, $i = 0, \cdots, n$ をつぎのように並べる。

s^n 行 a_n a_{n-2} a_{n-4} $\cdots$

s^{n-1} 行 a_{n-1} a_{n-3} a_{n-5} $\cdots$

つぎに，s^{n-2} 行を計算する．第1列の要素を b_1 とすれば，b_1 は，つぎの計算により求められる．

$$b_1 = \frac{a_{n-1}a_{n-2} - a_n a_{n-3}}{a_{n-1}} \qquad (4.57)$$

第2列，第3列の要素 b_2，b_3 は，同様に次式で求める．

$$b_2 = \frac{a_{n-1}a_{n-4} - a_n a_{n-5}}{a_{n-1}} \qquad (4.58)$$

$$b_3 = \frac{a_{n-1}a_{n-6} - a_n a_{n-7}}{a_{n-1}} \qquad (4.59)$$

以下，上の規則に従って順次計算していく．ただし，要素が存在しないところはゼロとおいて計算を行う．s^{n-2} 行の計算を終了すると，ラウス表はつぎのようになる．

s^n 行　　a_n　　a_{n-2}　　a_{n-4}　…

s^{n-1} 行　a_{n-1}　a_{n-3}　a_{n-5}　…

s^{n-2} 行　b_1　　b_2　　b_3　…

s^{n-3} 行の計算も，先ほどと同じである．要素 c_1, c_2, c_3 は

$$c_1 = \frac{b_1 a_{n-3} - a_{n-1} b_2}{b_1} \qquad (4.60)$$

$$c_2 = \frac{b_1 a_{n-5} - a_{n-1} b_3}{b_1} \qquad (4.61)$$

$$c_3 = \frac{b_1 a_{n-7} - a_{n-1} b_4}{b_1} \qquad (4.62)$$

と計算する．このように計算を続け，s^0 行で終了する．

例題 4.1　特性方程式が

$$s^4 + 7s^3 + 18s^2 + 22s + 12 = 0 \qquad ①$$

であるとき，このシステムの安定判別を行え．

解　安定であるための必要条件は成り立つので，ラウス表を作ろう．

まず，s^4 行と s^3 行を作る．

　　s^4 行　　1　18　12

　　s^3 行　　7　22

s^2 行第1列の b_1 は，式(4.57)で計算する．

$$b_1 = \frac{a_3 a_2 - a_4 a_1}{a_3}$$

$$= \frac{7 \times 18 - 1 \times 22}{7}$$

$$= \frac{104}{7} \tag{②}$$

隣の b_2 は式(4.58)を用いる。要素 a_{-1} は存在しないのでゼロとおいて計算する。

$$b_2 = \frac{a_3 a_0 - a_4 a_{-1}}{a_3}$$

$$= \frac{7 \times 12 - 1 \times 0}{7}$$

$$= 12 \tag{③}$$

このように，$a_{-1}=0$ であるから，結果的に要素 a_0 である 12 がそのまま b_2 となる。

s^4 行　　1　　18　　12
s^3 行　　7　　22　　0
s^2 行　　104/7　　12

s^1 行の要素 c_1 は

$$c_1 = \frac{b_1 a_1 - a_3 b_2}{b_1}$$

$$= \frac{\frac{104}{7} \times 22 - 7 \times 12}{\frac{104}{7}}$$

$$= \frac{425}{26} \tag{④}$$

となり，最後の行の要素 d_1 は，$c_2=0$ とおいて，$d_1=b_2=12$ である。

s^4 行　　1　　18　　12
s^3 行　　7　　22　　0
s^2 行　　104/7　　12
s^1 行　　425/26　　0
s^0 行　　12

完成したラウス表の第1列を見ると符号はすべて正であるので，このシステムは安定であることがわかる。

上の例題の特性方程式の解は，$\lambda_1=-2$, $\lambda_2=-3$, $\lambda_{3,4}=-1\pm j$ であるので，確かに安定なシステムである。つぎに，不安定なシステムを用意して，ラウス・フルビッツの安定判別法で調べてみよう。

例題 4.2 特性方程式

$$s^5+8s^4+18s^3+7s^2+2s+24=0 \quad ①$$

の解は, $\lambda_1=-2$, $\lambda_2=-3$, $\lambda_3=-4$, $\lambda_{4,5}=(1\pm j\sqrt{3})/2$ であり, このシステムは, 不安定な特性根を二つ持っている.

解 安定であるための必要条件は成り立つので, ラウス表を作る.

まず, s^5 行と s^4 行を作ると

s^5 行　1　18　2
s^4 行　8　7　24

s^3 行の b_1, b_2 は, 式(4.57), (4.58)で計算する.

$$b_1=\frac{a_4a_3-a_5a_2}{a_4}$$

$$=\frac{8\times 18-1\times 7}{8}$$

$$=\frac{137}{8} \quad ②$$

$$b_2=\frac{a_4a_1-a_5a_0}{a_4}$$

$$=\frac{8\times 2-1\times 24}{8}$$

$$=-1 \quad ③$$

s^5 行　　1　　　18　　2
s^4 行　　8　　　7　　24
s^3 行　137/8　-1

s^2 行の要素 c_1 は

$$c_1=\frac{b_1a_2-a_4b_2}{b_1}$$

$$=\frac{\dfrac{137}{8}\times 7-8\times(-1)}{\dfrac{137}{8}}$$

$$=\frac{1\,023}{137} \quad ④$$

となり, 隣の要素 c_2 は, $b_3=0$ とおいて, $c_2=a_0=24$ となる. s^1 行の要素 d_1 は

$$d_1=\frac{-\dfrac{1\,023}{137}-\dfrac{137}{8}\times 24}{\dfrac{1\,023}{137}}$$

$$=-\frac{57\,330}{1\,023} \quad ⑤$$

と計算される。また，$d_2=0$ から，$e_1=c_2=24$ である。よってラウス表はつぎのようになる。

s^5 行　　1　　　18　　2
s^4 行　　8　　　7　　24
s^3 行　　137/8　　−1　　0
s^2 行　　1 023/137　　24
s^1 行　　−57 330/1 023　　0
s^0 行　　24

上のラウス表の第1列を見ると符号はすべてが正ではなく，負が混ざっているので，このシステムは不安定である。また，符号は，正から負へ変わり，再び正になっており，正と負の符号変化の回数は2回，すなわち不安定な特性根は2個あると判断しており，これは正しい。

では，特性根が，$\lambda_1=-1$, $\lambda_2=-2$, $\lambda_3=-3$, $\lambda_{4,5}=\pm j2$ である場合は，どのようになるだろうか。まずは，ラウス表を作成しよう。特性方程式は

$$s^5+6s^4+15s^3+30s^2+44s+24=0 \tag{4.63}$$

である。

s^5 行　1　15　44
s^4 行　6　30　24

なので

$$b_1=\frac{6\times 15-1\times 30}{6}$$
$$=10 \tag{4.64}$$

$$b_2=\frac{6\times 44-1\times 24}{6}$$
$$=40 \tag{4.65}$$

と計算され

s^3 行　10　40

となる。さらに，つぎの行に関して

$$c_1=\frac{10\times 30-6\times 40}{10}=6 \tag{4.66}$$

であり，また，$b_3=0$ から，$c_2=a_0=24$ である。ここまでを整理すると

s^5行 　 1 　 15 　 44

s^4行 　 6 　 30 　 24

s^3行 　 10 　 40

s^2行 　 6 　 24

となる。s^1行の第1列を計算すると

$$d_1 = \frac{6 \times 40 - 10 \times 24}{6}$$

$$= 0 \tag{4.67}$$

となる。このままでは，s^0行の計算はできない。このようなときは，一つ前の s^2 行まで戻り，その要素を使って多項式を構成する。s^2 行であるから，第1列の要素は s^2 の係数，第2列の要素は次数が二つ下の s^0 の係数であるとみなす。したがって多項式は

$$P(s) = 6s^2 + 24 \tag{4.68}$$

となる。これを s に関して微分する。

$$\frac{dP(s)}{ds} = 12s \tag{4.69}$$

上式において s^1 の係数は12であるから，これを s^1 行の第1列の要素として用いる。s^1 行の第2列の要素はゼロなので，s^2 行の第2列の要素24がそのまま s^0 行の第1列の要素となり，ラウス表は以下のようになる。

s^5行 　 1 　 15 　 44

s^4行 　 6 　 30 　 24

s^3行 　 10 　 40

s^2行 　 6 　 24

s^1行 　 12

s^0行 　 24

でき上がったラウス表によると，システムは安定と判別されている。すなわち，虚軸上に特性根がある安定限界も安定の中に入れていることになる。この虚軸上の特性根は，式(4.68)の多項式 $P(s) = 0$ として作られる補助方程式

$$6s^2+24=0 \qquad (4.70)$$

を解いて求めることができる。上式の解は$\pm j2$であり，特性方程式(4.63)に含まれる虚軸上の特性根に一致している。

　安定限界も安定であると判別されることがわかった。したがって，虚軸からある程度離れていることを保証する判別法が欲しい。以下において，$\mathrm{Re}\,\lambda \leqq -\eta$，$\eta > 0$ にすべての特性根が存在するための条件を求める。

　特性方程式

$$a_n s^n + a_{n-1} s^{n-1} + \cdots + a_1 s + a_0 = 0 \qquad (4.56\text{ 再掲})$$

は s に関する方程式である。これを

$$s = w - \eta \qquad (4.71)$$

を使って変数変換すると，複素平面の虚軸を$-\eta$だけ平行移動することができる。変換後の w の特性方程式についてラウス・フルビッツの安定判別法を適用する。その結果，安定と判別されたなら，このシステムは，$e^{-\eta t}$ より速く減衰する特性であることになる。

例題 4.3 特性方程式

$$s^3 + 4s^2 + as + b = 0 \qquad ①$$

の特性根が，すべて $\mathrm{Re}\,\lambda \leqq -1$ となるように，a，b の値を求めよ。

解 この場合の変数変換は

$$s = w - 1 \qquad ②$$

であるから，これを式①に代入する。

$$(w-1)^3 + 4(w-1)^2 + a(w-1) + b = 0 \qquad ③$$

上式を展開整理すると，つぎのようになる。

$$w^3 + w^2 + (a-5)w + (3-a+b) = 0 \qquad ④$$

特性方程式④についてラウス・フルビッツの安定判別法を適用する。ラウス表の最初の2行は

w^3 行　　1　　$a-5$

w^2 行　　1　　$3-a+b$

であるから，w^1 行の第1列の要素は

$$b_1 = \frac{1 \times (a-5) - 1 \times (3-a+b)}{1}$$

$$= 2a-b-8 \qquad ⑤$$

と計算される。隣の要素 $b_2=0$ とおくと，w^0 行の第1列の要素は，$3-a+b$ であることがわかる。以上で，ラウス表は完成した。

w^3 行 　　1　　　$a-5$

w^2 行 　　1　　　$3-a+b$

w^1 行 　$2a-b-8$

w^0 行 　$3-a+b$

安定であるための必要条件と必要十分条件の両方から調べることにする。

（1）必要条件：

$$a-5>0 \qquad ⑥$$

$$3-a+b>0 \qquad ⑦$$

（2）必要十分条件：

$$2a-b-8>0 \qquad ⑧$$

$$3-a+b>0 \qquad ⑨$$

必要十分条件を求め，それが必要条件を満たしていることを確認する。式⑧，⑨から a，b が満たすべき条件を求めると

$$b<2a-8 \qquad ⑩$$

$$b>a-3 \qquad ⑪$$

となる。これを図で示すと図 4.9 となる。この図から，式⑩，⑪は，明らかに必要条件の $a>5$ を満たしていることを確かめることができる。例えば，$a=7$，$b=5$ は，必要十分条件を満足している。このとき，特性方程式①は

$$s^3+4s^2+7s+5=0$$

となる。この方程式を解いて特性根を求めると

$$\lambda_1=-1.57$$

$$\lambda_{2,3}=-1.215\pm j1.307$$

となり，確かに，すべての特性根が $\mathrm{Re}\,\lambda \leqq -1$ を満たしている。

この例題からわかるように，ラウス・フルビッツの安定判別法は，単に安定かどうかを調べるだけではなく，比較的低次の場合は設計に使うこともできそうである。もう一つ簡単な例題を示そう。

4.4 ラウス・フルビッツの安定判別法

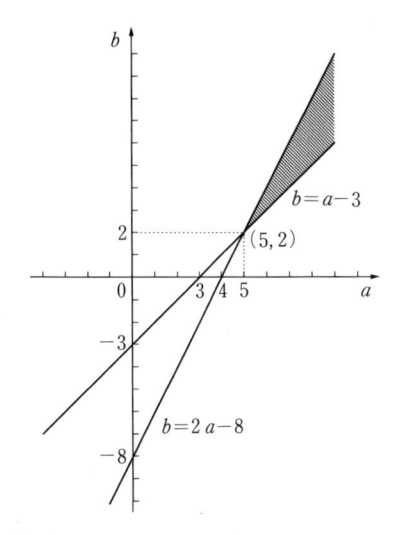

図4.9 aとbが満たすべき条件

例題 4.4 図4.10に示す制御系が安定であるためのKの条件を求めよ。

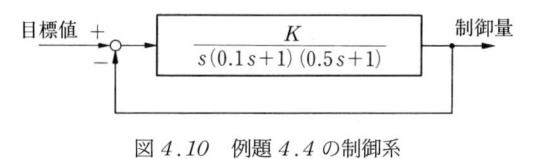

図4.10 例題4.4の制御系

解 まず，特性方程式を求めると
$$s(0.1s+1)(0.5s+1)+K=0 \quad ①$$
となるから，これを整理して
$$0.05s^3+0.6s^2+s+K=0 \quad ②$$
が得られる。特性方程式②に対してラウス表を作成する。

s^3 行	0.05	1
s^2 行	0.6	K
s^1 行	$(0.6-0.05K)/0.6$	
s^0 行	K	

ラウス表から，安定であるための必要十分条件は
$$0.6-0.05K>0 \quad ③$$
$$K>0 \quad ④$$
となるから，制御系が安定であるためのKの条件は，つぎのように求められる。

$0 < K < 12$ ⑤

4.5 リアプノフの安定定理

【定理】 システム

$$\dot{x}(t) = Ax(t) \tag{4.5 再掲}$$

が漸近安定であるための必要十分条件は，任意の正定行列 Q に対して

$$A^T P + PA = -Q \tag{4.72}$$

を満たす正定な唯一解 P が存在することである。

これをリアプノフの安定定理という。正定とは，対称行列がある条件を満たすときの呼び方であり，9.2 節に説明している。

まず，十分性を証明するために，P を $n \times n$ 正定行列としてつぎの 2 次形式を考える。

$$V(x) = x^T P x \tag{4.73}$$

$V(x)$ は，ゼロでない任意のベクトル x に関して正である。このような関数をリアプノフ関数という。正定行列 P がリアプノフ方程式(4.72)の解であるとき，式(4.73)の $V(x)$ を式(4.5)の解軌道 $x(t)$ に沿って微分する。

$$\begin{aligned}\frac{dV(x(t))}{dt} &= \dot{x}^T(t)Px(t) + x^T(t)P\dot{x}(t) \\ &= x^T(t)A^T Px(t) + x^T(t)PAx(t) \\ &= x^T(t)[A^T P + PA]x(t) \end{aligned} \tag{4.74}$$

上式に式(4.72)を代入すると

$$\frac{dV(x(t))}{dt} = -x^T(t)Qx(t) \tag{4.75}$$

となり，Q が正定行列であることから

$$\frac{dV(x(t))}{dt} < 0, \quad {}^\forall x(t) \neq 0 \tag{4.76}$$

が成り立つ。これは，$V(x(t))$ の値が減少し続けることを表しており，正定行列 P は定数行列であるから $x(t)$ が原点に収束することを示している。した

4.5 リアプノフの安定定理

がってシステム式(4.5)は漸近安定である。

つぎに，必要性を証明する。システム式(4.5)は漸近安定とする。行列 A のすべての固有値の実部は負であり

$$\lim_{t \to \infty} e^{At} = 0 \tag{4.77}$$

であるから

$$P = \int_0^\infty e^{A^T t} Q e^{At} dt \tag{4.78}$$

で定義するような行列 P が存在する。ゼロでない任意のベクトル x を用いて式(4.78)を2次形式に変換する。

$$x^T P x = \int_0^\infty x^T e^{A^T t} Q e^{At} x dt$$

$$= \int_0^\infty (e^{At} x)^T Q (e^{At} x) dt \tag{4.79}$$

Q は正定行列であるから，被積分関数は，ゼロでない任意のベクトル $e^{At}x$ に対して正となり

$$x^T P x > 0 \tag{4.80}$$

すなわち，P は正定行列となることがわかる。また，式(4.78)の右辺の被積分関数を微分した次式を考える。

$$\int_0^\infty \frac{d}{dt}(e^{A^T t} Q e^{At}) dt \tag{4.81}$$

上式は，式(4.77)から

$$\int_0^\infty \frac{d}{dt}(e^{A^T t} Q e^{At}) dt = \left[e^{A^T t} Q e^{At} \right]_0^\infty$$

$$= -Q \tag{4.82}$$

となるが，つぎのように書くこともできる。

$$\int_0^\infty \frac{d}{dt}(e^{A^T t} Q e^{At}) dt = \int_0^\infty (A^T e^{A^T t} Q e^{At} + e^{A^T t} Q e^{At} A) dt$$

$$= A^T \int_0^\infty e^{A^T t} Q e^{At} dt + \int_0^\infty e^{A^T t} Q e^{At} dt A$$

$$= A^T P + PA \tag{4.83}$$

よって，式(4.82)と式(4.83)の右辺どうしを等しくおくことにより，式(4.78)の正定行列 P は，式(4.72)を満たすことが示された。

最後に，P の唯一性を証明する。P のほかに $\bar{P}$ も式(4.72)を満足すると仮定する。すなわち

$$A^T\bar{P}+\bar{P}A=-Q \tag{4.84}$$

が成り立つ。式(4.84)を式(4.78)に代入すると

$$\begin{aligned}
P &= -\int_0^\infty e^{A^Tt}(A^T\bar{P}+\bar{P}A)e^{At}dt \\
&= -\int_0^\infty (A^Te^{A^Tt}\bar{P}e^{At}+e^{A^Tt}\bar{P}e^{At}A)\,dt \\
&= -\int_0^\infty \frac{d}{dt}(e^{A^Tt}\bar{P}e^{At})\,dt \\
&= -\left[e^{A^Tt}\bar{P}e^{At}\right]_0^\infty \\
&= \bar{P} \tag{4.85}
\end{aligned}$$

となり，リアプノフ方程式(4.72)の解 P の唯一性を示すことができた。

演 習 問 題

〔1〕 つぎの特性方程式をもつシステムが安定となるための K の範囲を求めよ。
　　　$s^3+9s^2+Ks+60=0$

〔2〕 ラウス・フルビッツの安定判別法を用いて，つぎの特性方程式をもつシステムの安定判別をせよ。
　　　$s^6+6s^5+2s^4+18s^3+5s^2+24s+20=0$

〔3〕 つぎの微分方程式で記述されるシステムの安定性をリアプノフの安定定理を使って判定せよ。
　　　$\ddot{x}+\dot{x}+2x=0$

5

可制御性と可観測性

　状態方程式でシステムを表現する際に,内部の状態量のどれを変数として扱うかは任意である。ある物理量を状態変数にとって状態方程式を構築した後に,座標変換によって状態変数を変換しても入力から出力までの特性は変わらない。その意味で,システムの表現式は無数にあるといえる。本章では,まず線形システムの座標変換と正準系について述べ,さらに可制御性,可観測性の概念を紹介する。システムの状態を与えられた初期状態から希望の最終状態へ移行させる操作量を見つけようとするとき,このような操作量の存在が保証されている必要がある。これが可制御性の概念である。一方,状態変数のすべてを直接観測できない場合は,システムの入出力情報を用いて内部の状態を知る必要が生じる。これを保証するのが可観測性である。これらは,システムの構造に固有な性質であって,システム構造理論の中核をなしている。

5.1 座標変換

　1入力,1出力,n次元定係数線形システムは,つぎの二つの式で表現される。

$$\dot{x}(t) = Ax(t) + bu(t) \tag{5.1}$$

$$y(t) = cx(t) \tag{5.2}$$

ここで式(5.1)は，入力 $u(t)$ が内部状態 $x(t)$ に及ぼす影響を表している。そして，$x(t)$ が式(5.2)を通して出力 $y(t)$ に現れている。2章では，システムを上のような形で表現するための一つの方法として，物理的現象に則した表現法を述べた。しかしながら，入力の影響が出力にどのように現れるかを考えるとき，内部状態としてなにを選んだかは問題でなくなる。本節では，状態変数を $x(t)$ から $z(t)$ に変換することを議論する。

正則な $n \times n$ 定数行列 T によって座標変換

$$x(t) = Tz(t) \tag{5.3}$$

をシステム 式 (5.1)，(5.2)に施して，状態変数を $x(t)$ から $z(t)$ に変換し，$z(t)$ の満たす表現式を求めてみよう。行列 T は定数行列なので

$$\dot{x}(t) = T\dot{z}(t) \tag{5.4}$$

である。式(5.3)と(5.4)を式(5.1)，(5.2)に代入すると

$$T\dot{z}(t) = ATz(t) + bu(t) \tag{5.5}$$

$$y(t) = cTz(t) \tag{5.6}$$

となる。式(5.5)の両辺に左から T^{-1} を掛けると

$$\dot{z}(t) = \tilde{A}z(t) + \tilde{b}u(t) \tag{5.7}$$

$$y(t) = \tilde{c}z(t) \tag{5.8}$$

を得る。ただし

$$\tilde{A} = T^{-1}AT, \quad \tilde{b} = T^{-1}b, \quad \tilde{c} = cT \tag{5.9}$$

である。式(5.7)，(5.8)が，座標変換後の状態変数 $z(t)$ が満たす状態方程式と出力方程式である。このとき，システム式(5.1)，(5.2)とシステム式(5.7)，(5.8)は，相似あるいは等価であるという。正則な座標変換行列 T は無数に選ぶことができるので，あるシステムと相似なシステムは無数に存在する。

さて，上述の座標変換によって固有値と固有ベクトルはどのようになったであろうか。まず，座標変換後のシステム行列 $\tilde{A}$ の固有値を求める特性方程式(4.1)は

$$|sI - \tilde{A}| = 0 \tag{5.10}$$

5.1 座標変換

である.上式の左辺に関係式(5.9)を代入して行列式の性質を用いるとつぎのようになる.

$$\begin{aligned}|sI-\tilde{A}|&=|sI-T^{-1}AT|\\&=|T^{-1}(sI-A)T|\\&=|T^{-1}||sI-A||T|\\&=|T^{-1}||T||sI-A|\\&=|sI-A|\end{aligned} \quad (5.11)$$

上式から,特性方程式は座標変換によって不変であることがわかる.したがって,システムの固有値(特性根,極)も座標変換によって不変で,安定性も変わらない.つぎに,固有ベクトルを調べてみよう.座標変換前の行列 A の固有値 λ_i とそれに対応する固有ベクトル v_i にはつぎの関係があった.

$$Av_i = \lambda_i v_i, \quad i=1,\cdots,n \quad (5.12)$$

式(5.12)の両辺に左から T^{-1} を掛け,また,$TT^{-1}=I$ を使うと

$$T^{-1}ATT^{-1}v_i = \lambda_i T^{-1}v_i, \quad i=1,\cdots,n \quad (5.13)$$

となる.上式は,関係式(5.9)から

$$\tilde{A}\tilde{v}_i = \lambda_i \tilde{v}_i, \quad i=1,\cdots,n \quad (5.14)$$

と表すことができる.すなわち,座標変換前後の固有値は同じであるが,固有ベクトルは

$$\tilde{v}_i = T^{-1}v_i, \quad i=1,\cdots,n \quad (5.15)$$

の関係であることがわかる.

最後に,システム式(5.7),(5.8)の伝達関数を求める.

$$\tilde{G}(s) = \tilde{c}(sI-\tilde{A})^{-1}\tilde{b} \quad (5.16)$$

であるから,上式に関係式(5.9)を代入してみると

$$\begin{aligned}\tilde{G}(s)&=cT(sI-T^{-1}AT)^{-1}T^{-1}b\\&=cT(sT^{-1}T-T^{-1}AT)^{-1}T^{-1}b\\&=cT[T^{-1}(sI-A)T]^{-1}T^{-1}b\end{aligned} \quad (5.17)$$

となる.$(MN)^{-1}=N^{-1}M^{-1}$ であるから

$$\tilde{G}(s) = cTT^{-1}(sI-A)^{-1}TT^{-1}b$$

$$= c(sI-A)^{-1}b$$
$$= G(s) \qquad (5.18)$$

のように変形することができ，結局，システム式(5.1)，(5.2)の伝達関数に一致する。極と伝達関数が不変なので零点も不変である。すなわち，座標変換によってシステムを変換しても，システムの状態変数や表現形式が変わるだけで，上記の意味で等価であることがわかる。

このことを積極的に利用して，設計解析および計算上扱いやすい表現形式に変換することを思いつく。この場合の $\tilde{A}, \tilde{b}, \tilde{c}$ を正準形式，システム式(5.7)，(5.8)を正準系という。

5.2 対角正準形

行列 A の固有値を $\lambda_1, \lambda_2, \cdots, \lambda_n$，対応する固有ベクトルを $v_1, v_2, \cdots, v_n$ とし，固有値はすべて相異なるとする。このとき式(5.3)の座標変換行列として

$$T = [v_1 \quad v_2 \quad \cdots \quad v_n] \qquad (5.19)$$

を考える。行列 A に右から式(5.19)の座標変換行列 T を掛けると

$$AT = A[v_1 \quad v_2 \quad \cdots \quad v_n]$$
$$= [Av_1 \quad Av_2 \quad \cdots \quad Av_n] \qquad (5.20)$$

となる。ここで，右辺の n 本の縦ベクトルに関して，次式が成立している。

$$Av_i = \lambda_i v_i, \quad i=1,\cdots,n \qquad (5.12 \text{再掲})$$

これを使うと式(5.20)は

$$[Av_1 \quad Av_2 \quad \cdots \quad Av_n] = [\lambda_1 v_1 \quad \lambda_2 v_2 \quad \cdots \quad \lambda_n v_n]$$
$$= [v_1 \quad v_2 \quad \cdots \quad v_n] \begin{bmatrix} \lambda_1 & & & \\ & \lambda_2 & & \\ & & \ddots & \\ & & & \lambda_n \end{bmatrix}$$
$$= T\tilde{A} \qquad (5.21)$$

のように書くことができる。ただし

$$\tilde{A} = \begin{bmatrix} \lambda_1 & & & \\ & \lambda_2 & & \\ & & \ddots & \\ & & & \lambda_n \end{bmatrix}$$

$$= \mathrm{diag.}(\lambda_1,\ \lambda_2,\ \cdots,\ \lambda_1) \tag{5.22}$$

である。したがって，行列 A は，その固有値を並べて構成した座標変換行列 T によって

$$T^{-1}AT = \tilde{A}$$
$$= \mathrm{diag.}(\lambda_1,\ \lambda_2,\ \cdots,\ \lambda_n) \tag{5.23}$$

に座標変換されることがわかる。行列 A を対角化することから，式(5.19)の T を対角変換行列と呼ぶ。$\tilde{b}$, $\tilde{c}$ は特別な形式とはならないので，これらを

$$\tilde{b} = T^{-1}b$$
$$= \begin{bmatrix} \tilde{b}_1 \\ \tilde{b}_2 \\ \vdots \\ \tilde{b}_n \end{bmatrix} \tag{5.24}$$

$$\tilde{c} = cT$$
$$= [\tilde{c}_1 \quad \tilde{c}_2 \quad \cdots \quad \tilde{c}_n] \tag{5.25}$$

とおくと，座標変換後のシステム式(5.7)，(5.8)はつぎのようになる。

$$\begin{bmatrix} \dot{z}_1(t) \\ \dot{z}_2(t) \\ \vdots \\ \dot{z}_n(t) \end{bmatrix} = \begin{bmatrix} \lambda_1 & & & \\ & \lambda_2 & & \\ & & \ddots & \\ & & & \lambda_n \end{bmatrix} \begin{bmatrix} z_1(t) \\ z_2(t) \\ \vdots \\ z_n(t) \end{bmatrix} + \begin{bmatrix} \tilde{b}_1 \\ \tilde{b}_2 \\ \vdots \\ \tilde{b}_n \end{bmatrix} u(t) \tag{5.26}$$

$$y(t) = [\tilde{c}_1 \quad \tilde{c}_2 \quad \cdots \quad \tilde{c}_n] \begin{bmatrix} z_1(t) \\ z_2(t) \\ \vdots \\ z_n(t) \end{bmatrix} \tag{5.27}$$

このようなシステムを対角正準形といい，$\tilde{A}, \tilde{b}, \tilde{c}$ を対角正準形式という。また，$z_i(t)$ をモード，$\tilde{A}$ をモード行列と呼んで Λ と書くことがある。

対角正準形 式(5.26)，(5.27)の伝達関数を求めてみると

$$\tilde{G}(s) = \tilde{c}\,(sI - \tilde{A})^{-1}\tilde{b}$$

$$= [\tilde{c}_1 \quad \tilde{c}_2 \quad \cdots \quad \tilde{c}_n] \begin{bmatrix} (s-\lambda_1)^{-1} & & & \\ & (s-\lambda_2)^{-1} & & \\ & & \ddots & \\ & & & (s-\lambda_n)^{-1} \end{bmatrix} \begin{bmatrix} \tilde{b}_1 \\ \tilde{b}_2 \\ \vdots \\ \tilde{b}_n \end{bmatrix}$$

$$= \left[\frac{\tilde{c}_1}{s-\lambda_1} \quad \frac{\tilde{c}_2}{s-\lambda_2} \quad \cdots \quad \frac{\tilde{c}_n}{s-\lambda_n} \right] \begin{bmatrix} \tilde{b}_1 \\ \tilde{b}_2 \\ \vdots \\ \tilde{b}_n \end{bmatrix}$$

$$= \frac{\tilde{c}_1 \tilde{b}_1}{s-\lambda_1} + \frac{\tilde{c}_2 \tilde{b}_2}{s-\lambda_2} + \cdots + \frac{\tilde{c}_n \tilde{b}_n}{s-\lambda_n} \tag{5.28}$$

となる。式(5.18)で示したように，伝達関数は座標変換によって不変であることから，式(5.28)はシステム 式(5.1)，(5.2)の伝達関数でもある。したがって，伝達関数を1次因子に展開したときの係数が対角正準形のパラメータに対応している。

例題 5.1 つぎのシステムの対角正準形を求めよ。

$$\dot{x}(t) = \begin{bmatrix} 0 & 1 \\ -2 & -3 \end{bmatrix} x(t) + \begin{bmatrix} 0 \\ 1 \end{bmatrix} u(t) \qquad ①$$

$$y(t) = [1 \quad 0]x(t) \qquad ②$$

解 システム行列

$$A = \begin{bmatrix} 0 & 1 \\ -2 & -3 \end{bmatrix} \qquad ③$$

の固有値は，$|sI - A| = 0$ を解いて求めることができる。

$$\begin{vmatrix} s & -1 \\ 2 & s+3 \end{vmatrix} = s^2 + 3s + 2$$

$$= (s+2)(s+1) = 0 \qquad ④$$

から，$\lambda_1 = -2$, $\lambda_2 = -1$ である．まず，固有値 λ_1 に対する固有ベクトルを求めよう．
$(\lambda_1 I - A)v_1 = 0$ より

$$\left\{ \begin{bmatrix} -2 & 0 \\ 0 & -2 \end{bmatrix} - \begin{bmatrix} 0 & 1 \\ -2 & -3 \end{bmatrix} \right\} v_1 = 0 \qquad \text{⑤}$$

$$\begin{bmatrix} -2 & -1 \\ 2 & 1 \end{bmatrix} v_1 = 0 \qquad \text{⑥}$$

となる．v_1 は 2×1 の縦ベクトルであるから，この要素を p, q とすると，式⑥は，つぎのように連立方程式で表現できる．

$$\left. \begin{array}{r} -2p - q = 0 \\ 2p + q = 0 \end{array} \right\} \qquad \text{⑦}$$

この2本の式は等価であるから，p, q を唯一に求めることはできない．そこで $p = 1$ とすると，$q = -2$ と決まり，$v_1 = (1 \quad -2)^T$ となる．つぎに固有値 λ_2 に対する固有ベクトルを計算する．$(\lambda_2 I - A)v_2 = 0$ より

$$\left\{ \begin{bmatrix} -1 & 0 \\ 0 & -1 \end{bmatrix} - \begin{bmatrix} 0 & 1 \\ -2 & -3 \end{bmatrix} \right\} v_2 = 0 \qquad \text{⑧}$$

$$\begin{bmatrix} -1 & -1 \\ 2 & 2 \end{bmatrix} v_2 = 0 \qquad \text{⑨}$$

となるから，上と同様に考えて，$v_2 = (1 \quad -1)^T$ ととることにする．したがって，式 (5.19) の対角変換行列 T はつぎのように構成することができる．

$$\begin{aligned} T &= [v_1 \quad v_2] \\ &= \begin{bmatrix} 1 & 1 \\ -2 & -1 \end{bmatrix} \end{aligned} \qquad \text{⑩}$$

また，T の逆行列は

$$\begin{aligned} T^{-1} &= \frac{1}{-1+2} \begin{bmatrix} -1 & -1 \\ 2 & 1 \end{bmatrix} \\ &= \begin{bmatrix} -1 & -1 \\ 2 & 1 \end{bmatrix} \end{aligned} \qquad \text{⑪}$$

となる．対角正準形式 $\tilde{A}, \tilde{b}, \tilde{c}$ を計算するとつぎのようになる．

$$\begin{aligned} \tilde{A} &= T^{-1} A T \\ &= \begin{bmatrix} -1 & -1 \\ 2 & 1 \end{bmatrix} \begin{bmatrix} 0 & 1 \\ -2 & -3 \end{bmatrix} \begin{bmatrix} 1 & 1 \\ -2 & -1 \end{bmatrix} \end{aligned}$$

$$= \begin{bmatrix} -2 & 0 \\ 0 & -1 \end{bmatrix} \qquad ⑫$$

$$\tilde{b} = T^{-1}b$$

$$= \begin{bmatrix} -1 & -1 \\ 2 & 1 \end{bmatrix} \begin{bmatrix} 0 \\ 1 \end{bmatrix}$$

$$= \begin{bmatrix} -1 \\ 1 \end{bmatrix} \qquad ⑬$$

$$\tilde{c} = cT$$

$$= \begin{bmatrix} 1 & 0 \end{bmatrix} \begin{bmatrix} 1 & 1 \\ -2 & -1 \end{bmatrix}$$

$$= \begin{bmatrix} 1 & 1 \end{bmatrix} \qquad ⑭$$

よって,対角正準形は

$$\dot{z}(t) = \begin{bmatrix} -2 & 0 \\ 0 & -1 \end{bmatrix} z(t) + \begin{bmatrix} -1 \\ 1 \end{bmatrix} u(t) \qquad ⑮$$

$$y(t) = \begin{bmatrix} 1 & 1 \end{bmatrix} z(t) \qquad ⑯$$

となる。

つぎは,3×3の大きさの行列を扱ってみよう。

例題 5.2 つぎの対称行列 A を対角化せよ。

$$A = \begin{bmatrix} 2 & -1 & 2 \\ -1 & 1 & 0 \\ 2 & 0 & 6 \end{bmatrix} \qquad ①$$

解 まず,固有値を求める。

$$|sI - A| = \left| \begin{bmatrix} s & 0 & 0 \\ 0 & s & 0 \\ 0 & 0 & s \end{bmatrix} - \begin{bmatrix} 2 & -1 & 2 \\ -1 & 1 & 0 \\ 2 & 0 & 6 \end{bmatrix} \right|$$

$$= \begin{vmatrix} s-2 & 1 & -2 \\ 1 & s-1 & 0 \\ -2 & 0 & s-6 \end{vmatrix}$$

$$= s^3 - 9s^2 + 15s - 2$$

$$= (s-2)(s^2 - 7s + 1) = 0 \qquad ②$$

から, $\lambda_1 = 2$, $\lambda_2 = (7 + 3\sqrt{5})/2$, $\lambda_3 = (7 - 3\sqrt{5})/2$ である。このように,対称行列

5.2 対角正準形

の固有値は,必ずすべて実数であることが知られている。

つぎに固有ベクトルを求める。固有値 λ_1 に対する固有ベクトル v_1 は, $(\lambda_1 I - A)v_1 = 0$ から計算される。

$$\left\{ \begin{bmatrix} 2 & 0 & 0 \\ 0 & 2 & 0 \\ 0 & 0 & 2 \end{bmatrix} - \begin{bmatrix} 2 & -1 & 2 \\ -1 & 1 & 0 \\ 2 & 0 & 6 \end{bmatrix} \right\} \begin{bmatrix} p_1 \\ q_1 \\ r_1 \end{bmatrix} = 0 \quad \text{③}$$

$$\begin{bmatrix} 0 & 1 & -2 \\ 1 & 1 & 0 \\ -2 & 0 & -4 \end{bmatrix} \begin{bmatrix} p_1 \\ q_1 \\ r_1 \end{bmatrix} = 0 \quad \text{④}$$

式④は,つぎのように連立方程式で表現できる。

$$\left. \begin{aligned} q_1 - 2r_1 &= 0 \\ p_1 + q_1 &= 0 \\ -2p_1 - 4r_1 &= 0 \end{aligned} \right\} \quad \text{⑤}$$

これを解くと

$$\left. \begin{aligned} q_1 &= 2r_1 \\ p_1 &= -2r_1 \end{aligned} \right\} \quad \text{⑥}$$

となる。そこで $r_1 = 1$ とすると, $v_1 = (-2 \ 2 \ 1)^T$ となる。

固有値 λ_2 に対する固有ベクトル v_2 は, $(\lambda_2 I - A)v_2 = 0$ より

$$\left\{ \begin{bmatrix} \frac{7+3\sqrt{5}}{2} & 0 & 0 \\ 0 & \frac{7+3\sqrt{5}}{2} & 0 \\ 0 & 0 & \frac{7+3\sqrt{5}}{2} \end{bmatrix} - \begin{bmatrix} 2 & -1 & 2 \\ -1 & 1 & 0 \\ 2 & 0 & 6 \end{bmatrix} \right\} \begin{bmatrix} p_2 \\ q_2 \\ r_2 \end{bmatrix} = 0 \quad \text{⑦}$$

$$\begin{bmatrix} \frac{3+3\sqrt{5}}{2} & 1 & -2 \\ 1 & \frac{5+3\sqrt{5}}{2} & 0 \\ -2 & 0 & \frac{-5+3\sqrt{5}}{2} \end{bmatrix} \begin{bmatrix} p_2 \\ q_2 \\ r_2 \end{bmatrix} = 0 \quad \text{⑧}$$

となるから

$$\left.\begin{array}{r}\dfrac{3+3\sqrt{5}}{2}p_2+q_2-2r_2=0\\[4pt] p_2+\dfrac{5+3\sqrt{5}}{2}q_2=0\\[4pt] -2p_2+\dfrac{-5+3\sqrt{5}}{2}r_2=0\end{array}\right\} \qquad ⑨$$

を解いて求めることになる。連立方程式⑨を解いて

$$p_2=-\dfrac{5+3\sqrt{5}}{2}q_2 \qquad ⑩$$

$$r_2=\dfrac{5+3\sqrt{5}}{5}p_2 \qquad ⑪$$

を得る。$q_2=2$ とおくと

$$p_2=-5-3\sqrt{5} \qquad ⑫$$
$$r_2=-14-6\sqrt{5} \qquad ⑬$$

であるから,$v_2=(-5-3\sqrt{5}\ \ 2\ \ -14-6\sqrt{5})^T$ となる。

固有値 λ_3 に対する固有ベクトル v_3 は,$(\lambda_3 I-A)v_3=0$ より

$$\left\{\begin{bmatrix}\dfrac{7-3\sqrt{5}}{2} & 0 & 0\\[4pt] 0 & \dfrac{7-3\sqrt{5}}{2} & 0\\[4pt] 0 & 0 & \dfrac{7-3\sqrt{5}}{2}\end{bmatrix}-\begin{bmatrix}2 & -1 & 2\\ -1 & 1 & 0\\ 2 & 0 & 6\end{bmatrix}\right\}\begin{bmatrix}p_3\\ q_3\\ r_3\end{bmatrix}=0 \qquad ⑭$$

$$\begin{bmatrix}\dfrac{3-3\sqrt{5}}{2} & 1 & -2\\[4pt] 1 & \dfrac{5-3\sqrt{5}}{2} & 0\\[4pt] -2 & 0 & \dfrac{-5-3\sqrt{5}}{2}\end{bmatrix}\begin{bmatrix}p_3\\ q_3\\ r_3\end{bmatrix}=0 \qquad ⑮$$

となり,⑮を解いて

$$p_3=-\dfrac{5-3\sqrt{5}}{2}q_3 \qquad ⑯$$

$$r_3=\dfrac{5-3\sqrt{5}}{5}p_3 \qquad ⑰$$

を得る。$q_3=2$ とおくと

$$p_3=-5+3\sqrt{5} \qquad ⑱$$
$$r_3=-14+6\sqrt{5} \qquad ⑲$$

であるから,$v_3=(-5+3\sqrt{5}\ \ 2\ \ -14+6\sqrt{5})^T$ となる。

5.2 対角正準形

　行列 A は対称行列である。このとき，値の異なる固有値に対する固有ベクトルはたがいに線形独立で，かつ直交している。よって，対角変換行列 T の逆行列 T^{-1} を計算する代わりに，転置行列 T^T を計算し，これを用いて行列 A を対角化することができる。ただし，行列 T は，各固有ベクトルのノルムが1になるように正規化しておく必要がある。

　各固有ベクトルのノルムを計算すると

$$\kappa_1 = \sqrt{v_1^T v_1}$$
$$= 3 \tag{⑳}$$
$$\kappa_2 = \sqrt{v_2^T v_2}$$
$$= \sqrt{450 + 198\sqrt{5}} \tag{㉑}$$
$$\kappa_3 = \sqrt{v_3^T v_3}$$
$$= \sqrt{450 - 198\sqrt{5}} \tag{㉒}$$

となるから，対角変換行列 T は，つぎのように求められた。

$$T = \begin{bmatrix} \dfrac{v_1}{\kappa_1} & \dfrac{v_2}{\kappa_2} & \dfrac{v_3}{\kappa_3} \end{bmatrix}$$

$$= \begin{bmatrix} -\dfrac{2}{\kappa_1} & \dfrac{-5-3\sqrt{5}}{\kappa_2} & \dfrac{-5+3\sqrt{5}}{\kappa_3} \\ \dfrac{2}{\kappa_1} & \dfrac{2}{\kappa_2} & \dfrac{2}{\kappa_3} \\ \dfrac{1}{\kappa_1} & \dfrac{-14-6\sqrt{5}}{\kappa_2} & \dfrac{-14+6\sqrt{5}}{\kappa_3} \end{bmatrix} \tag{㉓}$$

対角変換を施すとつぎのようになる。

$$T^{-1}AT = T^T AT$$

$$= \begin{bmatrix} -\dfrac{2}{\kappa_1} & \dfrac{2}{\kappa_1} & \dfrac{1}{\kappa_1} \\ \dfrac{-5-3\sqrt{5}}{\kappa_2} & \dfrac{2}{\kappa_2} & \dfrac{-14-6\sqrt{5}}{\kappa_2} \\ \dfrac{-5+3\sqrt{5}}{\kappa_3} & \dfrac{2}{\kappa_3} & \dfrac{-14+6\sqrt{5}}{\kappa_3} \end{bmatrix} \begin{bmatrix} 2 & -1 & 2 \\ -1 & 1 & 0 \\ 2 & 0 & 6 \end{bmatrix}$$

$$\times \begin{bmatrix} -\dfrac{2}{\kappa_1} & \dfrac{-5-3\sqrt{5}}{\kappa_2} & \dfrac{-5+3\sqrt{5}}{\kappa_3} \\ \dfrac{2}{\kappa_1} & \dfrac{2}{\kappa_2} & \dfrac{2}{\kappa_3} \\ \dfrac{1}{\kappa_1} & \dfrac{-14-6\sqrt{5}}{\kappa_2} & \dfrac{-14+6\sqrt{5}}{\kappa_3} \end{bmatrix}$$

$$= \begin{bmatrix} -\dfrac{2}{\kappa_1} & \dfrac{2}{\kappa_1} & \dfrac{1}{\kappa_1} \\ \dfrac{-5-3\sqrt{5}}{\kappa_2} & \dfrac{2}{\kappa_2} & \dfrac{-14-6\sqrt{5}}{\kappa_2} \\ \dfrac{-5+3\sqrt{5}}{\kappa_3} & \dfrac{2}{\kappa_3} & \dfrac{-14+6\sqrt{5}}{\kappa_3} \end{bmatrix}$$

$$\times \begin{bmatrix} -\dfrac{4}{\kappa_1} & \dfrac{-40-18\sqrt{5}}{\kappa_2} & \dfrac{-40+18\sqrt{5}}{\kappa_3} \\ \dfrac{4}{\kappa_1} & \dfrac{7+3\sqrt{5}}{\kappa_2} & \dfrac{7-3\sqrt{5}}{\kappa_3} \\ \dfrac{2}{\kappa_1} & \dfrac{-94-42\sqrt{5}}{\kappa_2} & \dfrac{-94+42\sqrt{5}}{\kappa_3} \end{bmatrix}$$

$$= \begin{bmatrix} 2 & 0 & 0 \\ 0 & \dfrac{7+3\sqrt{5}}{2} & 0 \\ 0 & 0 & \dfrac{7-3\sqrt{5}}{2} \end{bmatrix} \qquad \text{㉔}$$

5.3 可制御性

　対角正準形 式(5.26), (5.27)をブロック線図で表したのが図5.1である。この図において，$\tilde{b}_2$がゼロであるとき，操作量$u(t)$を操作することによってモード$z_2(t)$に影響を及ぼすことはできない。つまり$z_2(t)$は制御することができない。

　また$\tilde{c}_1$がゼロであるなら制御量$y(t)$からモードz_1の動きを知ることはで

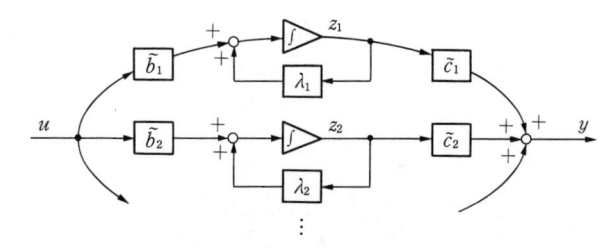

図5.1　対角正準形のブロック線図

5.3 可制御性

きない。すべてのモードが操作量 $u(t)$ および制御量 $y(t)$ とゼロでない伝達係数でつながっているか否かが，制御系設計において重要である。そこで，

「あるシステムを対角正準形 式(5.26), (5.27)で表現したとき，すべての $\tilde{b}_i$ がゼロでないとき，システムは可制御であるといい，すべての $\tilde{c}_i$ がゼロでないとき，システムは可観測であるという。」

上の可制御性の定義は対角正準形に対してであり，一般のシステム 式(5.1), (5.2)においてはつぎのように定義する（図5.2）。

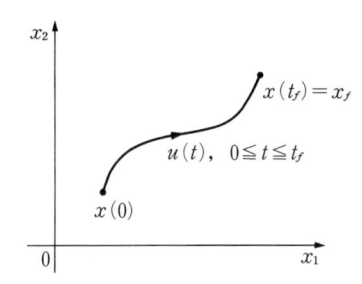

図5.2 操作量 $u(t)$ による状態 $x(t)$ の遷移

「システム 式(5.1), (5.2)において，すべての初期ベクトル $x(0)$ を，ある有限な時刻 t_f の間に，任意に与えられたベクトル x_f に移すような操作量 $u(t)$, $0 \leq t \leq t_f$ が存在し，$x(t_f) = x_f$ とできるとき，可制御であるという。また，そうでないとき，不可制御であるという。」

可制御であるための条件は，つぎのように書くことができる。

「システム 式(5.1), (5.2)が可制御であるための必要十分条件は，n 次の正方行列

$$W_c(t) = \int_0^t (e^{-A\tau}b)(e^{-A\tau}b)^T d\tau \tag{5.29}$$

が正則となる時刻 $t = t_f > 0$ が存在することである。」

行列 式(5.29)は，可制御性グラム行列と呼ばれる。まず，十分条件を示そう。いま，時刻 $t = t_f$ で $W_c(t)$ が正則であるとする。このとき，この行列の逆行列を使って，つぎのような入力をつくる。

$$u(t) = -(e^{-At}b)^T W_c^{-1}(t_f)(x(0) - e^{-At_f}x_f) \tag{5.30}$$

この入力に対するシステムの時間応答は

$$
\begin{aligned}
x(t_f) &= e^{At_f}x(0) + \int_0^{t_f} e^{A(t_f-\tau)}bu(\tau)d\tau \\
&= e^{At_f}x(0) - \int_0^{t_f} e^{A(t_f-\tau)}b(e^{-A\tau}b)^T W_c^{-1}(t_f)(x(0)-e^{-At_f}x_f)d\tau \\
&= e^{At_f}x(0) - e^{At_f}\int_0^{t_f}(e^{-A\tau}b)(e^{-A\tau}b)^T d\tau W_c^{-1}(t_f)(x(0)-e^{-At_f}x_f) \\
&= e^{At_f}x(0) - e^{At_f}(x(0)-e^{-At_f}x_f) \\
&= x_f \quad\quad\quad\quad\quad\quad\quad\quad\quad\quad\quad\quad\quad\quad\quad (5.31)
\end{aligned}
$$

となり,状態が $x(0)$ から, $t=t_f$ において x_f に移すことができた。すなわち,システムは可制御である。

つぎに必要条件を示すために, $W_c(t)$ がすべての $t>0$ で正則でないと仮定しよう。すると, $W_c(t)$ の n 本の列ベクトルは線形従属であるから,すべての $t>0$ で

$$W_c(t)x=0 \quad\quad\quad\quad\quad\quad\quad\quad\quad\quad\quad\quad (5.32)$$

となる,ゼロでない n 次元ベクトル x が存在する。上式の左辺は, $n\times n$ 行列と $n\times 1$ ベクトルとの積であり,右辺は $n\times 1$ の大きさのゼロベクトルである。$W_c(t)x$ がすべての t でゼロベクトルであるから,これに左から x^T を掛けてもつねにゼロとなる。すなわち,すべての $t>0$ で

$$x^T W_c(t)x=0 \quad\quad\quad\quad\quad\quad\quad\quad\quad\quad (5.33)$$

である。上式の $W_c(t)$ に式(5.29)を代入すると,つぎのようになる。

$$
\begin{aligned}
0 &= x^T W_c(t)x \\
&= x^T \int_0^t (e^{-A\tau}b)(e^{-A\tau}b)^T d\tau x \\
&= \int_0^t (x^T e^{-A\tau}b)(x^T e^{-A\tau}b)^T d\tau \\
&= \int_0^t (x^T e^{-A\tau}b)^2 d\tau \quad\quad\quad\quad\quad\quad\quad (5.34)
\end{aligned}
$$

これから,すべての $t>0$ に対して

$$x^T e^{-A\tau}b=0, \quad 0\leq\tau\leq t \quad\quad\quad\quad\quad\quad (5.35)$$

5.3 可制御性

であることがわかる。式(5.35)は，すべての $t \geqq 0$ に対して

$$x^T e^{-At} b = 0 \tag{5.36}$$

と読むこともできる。

一方，システムは可制御であるから，式(5.32)で導入したベクトル x で与えられる初期状態から，ある有限な時刻 t_f で，ベクトル $x_f = 0$ に移すような操作量 $u(t)$，$0 \leqq t \leqq t_f$ が存在し，$x(t_f) = x_f$ とできる。すなわち

$$0 = e^{At_f} x + \int_0^{t_f} e^{A(t_f - \tau)} b u(\tau) d\tau \tag{5.37}$$

が成立する。式(5.37)の両辺に左から e^{-At_f} を掛けると

$$x = -\int_0^{t_f} e^{-A\tau} b u(\tau) d\tau \tag{5.38}$$

を得る。この式からノルム $\|x\|$ を計算するとつぎのようになる。

$$\|x\|^2 = x^T x$$

$$= -\int_0^{t_f} x^T e^{-A\tau} b u(\tau) d\tau \tag{5.39}$$

上式の積分は，式(5.36)からゼロ，すなわち

$$\|x\| = 0 \tag{5.40}$$

となる。ノルムがゼロのベクトルはゼロベクトルしかないので，x を式(5.32)でゼロベクトルでないとしたことに矛盾する。$W_c(t)$ がすべての $t > 0$ で正則でないと仮定したことが間違いだったので，これで必要条件を示すことができた。

可制御性グラム行列 $W_c(t)$ は，正則となる時刻 $t = t_f > 0$ が存在するならば，すべての時刻 $t > 0$ で正則である。この事実は，上に述べた必要性の証明と同様に，背理法によって，$x^T e^{-At} b$ が解析関数であることを用いて示すことができる。

このように，システムが可制御であれば，任意の t_f に対して可制御性グラム行列 $W_c(t)$ が正則になるので，任意の時間区間 $0 \leqq t \leqq t_f$ で，任意の状態 $x(0)$ から任意の状態 $x(t_f) = x_f$ に移動できることになる。

ここで，可制御性は状態変数の選び方に関係しないシステム固有の性質であ

ることを示しておこう。いま，座標変換 $x(t) = Tz(t)$ によってシステムの行列が $\tilde{A} = T^{-1}AT$, $\tilde{b} = T^{-1}b$ と変換されたとする。状態変数 $z(t)$ における可制御性グラム行列は

$$\begin{aligned}
\tilde{W}_c(t) &= \int_0^t (e^{-\tilde{A}\tau}\tilde{b})(e^{-\tilde{A}\tau}\tilde{b})^T d\tau \\
&= \int_0^t (T^{-1}e^{-A\tau}TT^{-1}b)(T^{-1}e^{-A\tau}TT^{-1}b)^T d\tau \\
&= T^{-1}\int_0^t (e^{-A\tau}b)(e^{-A\tau}b)^T d\tau (T^{-1})^T \\
&= T^{-1}W_c(t)(T^{-1})^T
\end{aligned} \tag{5.41}$$

となるから，$|T^{-1}| \neq 0$ より，可制御性は座標変換しても不変であることがわかる。

以上において検討した可制御性の条件は，可制御性グラム行列を用いたものであったが，つぎのように，行列 A, b によってもっと直接的に表すこともできる。

「システム 式(5.1), (5.2)が可制御であるための必要十分条件は，$n \times n$ 正方行列

$$U_c = [b \quad Ab \quad A^2b \quad \cdots \quad A^{n-1}b] \tag{5.42}$$

が正則であることである。」ここで，U_c を可制御性行列という。

まず，十分条件を背理法で示す。いま，式(5.42)の可制御性行列 U_c が正則であるにもかかわらずシステムが不可制御であるとしよう。すると，先の検討から，可制御性グラム行列 $W_c(t)$ がすべての $t > 0$ で正則でなくなる。したがって，すべての $t \geq 0$ に対して

$$x^T e^{-At} b = 0 \tag{5.43}$$

が成り立つゼロでないベクトル x が存在する。式(5.43)の関係を時間 t に関して繰り返し微分してから $t=0$ とおくと，つぎのような等式を得ることができる。

$$x^T b = 0 \tag{5.44}$$

$$x^T Ab = 0 \tag{5.45}$$

$$x^T A^2 b = 0 \tag{5.46}$$

$$\vdots$$

$$x^T A^{n-1} b = 0 \tag{5.47}$$

これらをまとめて表現すると

$$x^T [b \quad Ab \quad A^2 b \quad \cdots \quad A^{n-1} b] = 0 \tag{5.48}$$

となる。ゼロでないベクトル x に対して上の関係が成立するということは，可制御性行列 $[b \quad Ab \quad A^2 b \quad \cdots \quad A^{n-1} b]$ が正則でないことを意味する。これで矛盾が導かれ，十分性が証明された。

つぎに必要条件を示そう。これも背理法を用いる。システムは可制御であるのに，式(5.42)の可制御性行列 U_c が正則でないと仮定する。このとき式(5.48)を満たすゼロでないベクトル x が存在する。これは

$$x^T b = 0, \quad x^T A b = 0, \quad x^T A^2 b = 0, \quad \cdots, \quad x^T A^{n-1} b = 0 \tag{5.49}$$

と等価である。ところで，状態遷移行列 e^{At} は，3.2節の式(3.16)で示したように，行列 A の無限級数で定義した。これより e^{-At} は

$$e^{-At} = I - At + \frac{1}{2!} A^2 t^2 - \frac{1}{3!} A^3 t^3 + \cdots \tag{5.50}$$

となる。ここで，ケーリー・ハミルトンの定理から，$A^k (k \geq n)$ は，I, A, A^2, $\cdots$, A^{n-1} の線形結合で与えられるから，式(5.50)は

$$e^{-At} = \sum_{k=0}^{n-1} a_k(t) A^k \tag{5.51}$$

と書くことができ，上式に左から x^T，右から b を掛けて次式を得る。

$$x^T e^{-At} b = \sum_{k=0}^{n-1} a_k(t) x^T A^k b \tag{5.52}$$

この式の右辺に式(5.49)を代入すると，すべての $t \geq 0$ に対して，$x^T e^{-At} b = 0$ となる。したがって

$$\int_0^t (x^T e^{-A\tau} b)(x^T e^{-A\tau} b)^T d\tau = x^T W_c(t) x \tag{5.53}$$

がすべての $t \geq 0$ に対してゼロとなる。システムは可制御であるから，可制御

性グラム行列 $W_c(t)$ が正則となる時刻 $t=t_f>0$ が存在する。すなわち，$x^T W_c(t_f) x$ はゼロではない。よって，式(5.53)がすべての $t \geq 0$ に対してゼロになるという結論はこれと矛盾しており，必要性が示された。

式(5.42)の可制御性行列 U_c が正則であることが，システムが可制御である必要十分条件になっていることを，可制御性グラム行列 $W_c(t)$ を使って示した。このことは，対角正準形を使ってつぎのように示すこともできる。

対角正準系において，可制御であるための必要十分条件はすべての $\tilde{b}_i$ がゼロでないことであった。このことと対角正準形における可制御性行列の関係を考えてみよう。可制御性行列は

$$\tilde{U}_c = [\tilde{b} \quad \tilde{A}\tilde{b} \quad \tilde{A}^2 \tilde{b} \quad \cdots \quad \tilde{A}^{n-1} \tilde{b}] \tag{5.54}$$

であるから，式(5.22)，(5.24)を代入すると以下のようになる。

$$\begin{aligned}
\tilde{U}_c &= \begin{bmatrix} \tilde{b}_1 & \lambda_1 \tilde{b}_1 & \lambda_1^2 \tilde{b}_1 & \cdots & \lambda_1^{n-1} \tilde{b}_1 \\ \tilde{b}_2 & \lambda_2 \tilde{b}_2 & \lambda_2^2 \tilde{b}_2 & \cdots & \lambda_2^{n-1} \tilde{b}_2 \\ \vdots & \vdots & \vdots & & \vdots \\ \tilde{b}_n & \lambda_n \tilde{b}_n & \lambda_n^2 \tilde{b}_n & \cdots & \lambda_n^{n-1} \tilde{b}_n \end{bmatrix} \\
&= \begin{bmatrix} \tilde{b}_1 & & & \\ & \tilde{b}_2 & & \\ & & \ddots & \\ & & & \tilde{b}_n \end{bmatrix} \begin{bmatrix} 1 & \lambda_1 & \lambda_1^2 & \cdots & \lambda_1^{n-1} \\ 1 & \lambda_2 & \lambda_2^2 & \cdots & \lambda_2^{n-1} \\ \vdots & \vdots & \vdots & & \vdots \\ 1 & \lambda_n & \lambda_n^2 & \cdots & \lambda_n^{n-1} \end{bmatrix}
\end{aligned} \tag{5.55}$$

上式右辺の右の行列はバンデルモンド行列と呼ばれ，すべての λ_i が相異なるとき正則であることが知られている。対角正準形にできる条件としてシステムのすべての固有値が相異なるとしたことから，$\tilde{b}_i \neq 0$, $\forall i$ であることと，$\tilde{U}_c$ が正則であることが等価となる。また，上の $\tilde{U}_c$ は式(5.23)，(5.24)を使って

$$\begin{aligned}
\tilde{U}_c &= [\tilde{b} \quad \tilde{A}\tilde{b} \quad \tilde{A}^2 \tilde{b} \quad \cdots \quad \tilde{A}^{n-1} \tilde{b}] \\
&= [T^{-1}b \quad T^{-1}ATT^{-1}b \quad T^{-1}A^2TT^{-1}b \quad \cdots \quad T^{-1}A^{n-1}TT^{-1}b] \\
&= T^{-1}[b \quad Ab \quad A^2 b \quad \cdots \quad A^{n-1} b]
\end{aligned}$$

$$= T^{-1} U_c \tag{5.56}$$

と書き直すことができるので，$|T^{-1}| \neq 0$ より，$\tilde{b}_i \neq 0, {}^\forall i$ と $|U_c| \neq 0$ が等価となる。すなわち，システムが可制御であるための必要十分条件は $|U_c| \neq 0$ となることである。

5.4 多入力システムの可制御性と行列のランク

システムが可制御であるかどうかを調べる方法の一つとして，可制御性行列を定義し，それが正則であることがシステムが可制御である必要十分条件となっていることを示した。可制御性行列は，式(5.42)から明らかなように，$n \times n$ の正方行列である。これは，システムが1入力であるからで，もしも2入力である場合は $n \times 2n$ の大きさとなるため，この行列が正則であるかどうかを調べることができない。そこで，多入力システムの可制御性の判定法について簡単に触れておこう。

システムが可制御であるための必要十分条件は，システムを表現する行列のうち A と b を用いて

$$U_c = [b \quad Ab \quad A^2 b \quad \cdots \quad A^{n-1} b] \tag{5.42 再掲}$$

で定義する可制御性行列が正則となることである。1入力システムを扱う限りにおいては b はベクトルであるが，入力数が m の場合は，$n \times m$ の大きさの行列 B となる。この場合も，可制御の定義「すべての初期ベクトル $x(0)$ を，ある有限な時刻 t_f の間に，任意に与えられたベクトル x_f に移すような操作量 $u(t)$, $0 \leq t \leq t_f$ が存在し，$x(t_f) = x_f$ とできるとき，可制御であるという。」は，同じである。また，可制御性行列も式(5.42)と同じように

$$U_c = [B \quad AB \quad A^2 B \quad \cdots \quad A^{n-1} B] \tag{5.57}$$

で定義される。すなわち，ベクトル b が行列 B になっただけである。しかしながら，可制御であるための必要十分条件は

$$\mathrm{rank}(U_c) = n \tag{5.58}$$

となる。$\mathrm{rank}(U_c)$ は，行列 U_c のランクを指している。ランクは，階数，位

数とも呼ばれる。以下において，ランクについて述べる。

行列 M からいくつかの行と列を除いた残りの要素で作った $r \times r$ の大きさの正方行列の行列式を，r 次元の小行列式と呼ぶ。行列 M のランクは，この小行列式を用いて定義される。すなわち，行列 M の $r+1$ 次元の小行列式がすべてゼロで，かつ，r 次元の小行列式の中にゼロでないものがあるとき，M のランクは r であるといい

$$\mathrm{rank}(M) = r \tag{5.59}$$

と書く。例えば

$$M = \begin{bmatrix} 1 & 2 \\ 2 & 4 \\ 3 & 6 \end{bmatrix} \tag{5.60}$$

のとき，順番に行を除いて 2 次元の小行列式を計算すると，以下のようになる。

$$\begin{vmatrix} 1 & 2 \\ 2 & 4 \end{vmatrix} = 0, \quad \begin{vmatrix} 1 & 2 \\ 3 & 6 \end{vmatrix} = 0, \quad \begin{vmatrix} 2 & 4 \\ 3 & 6 \end{vmatrix} = 0 \tag{5.61}$$

これらはすべてゼロとなる。また，これらの三つ以外に 2 次元の小行列式は作れない。しかしながら，1 次元の小行列式は，行列 M の各要素のことであるから，六つあり，明らかにゼロでないものが存在する。よって，ランクは 1 である。この例からわかるように，ランクは独立なベクトルの本数のことである。式(5.60)の行列は，2 本の列ベクトル

$$v_1 = \begin{bmatrix} 1 \\ 2 \\ 3 \end{bmatrix}, \quad v_2 = \begin{bmatrix} 2 \\ 4 \\ 6 \end{bmatrix} \tag{5.62}$$

からなる。v_2 は v_1 の 2 倍で表されるので，2 本のベクトル v_1，v_2 は線形従属である。よって，独立な列ベクトルは 1 本であり，ランクが 1 であることに一致している。つぎに，行ベクトルで調べてみよう。式(5.60)の行列は，3 本の行ベクトル

5.4 多入力システムの可制御性と行列のランク

$$w_1=[1\ \ 2],\quad w_2=[2\ \ 4],\quad w_3=[3\ \ 6] \tag{5.63}$$

で構成されている。w_2 は w_1 の 2 倍で表され，w_3 は w_1 と w_2 の和で表される。したがって，3 本のベクトルは線形従属であり，独立な行ベクトルは 1 本であることがわかる。

つぎに

$$M = \begin{bmatrix} 1 & 2 \\ 2 & 0 \\ 3 & 4 \end{bmatrix} \tag{5.64}$$

では，どうなるだろうか。2 本の列ベクトルは

$$v_1 = \begin{bmatrix} 1 \\ 2 \\ 3 \end{bmatrix},\quad v_2 = \begin{bmatrix} 2 \\ 0 \\ 4 \end{bmatrix} \tag{5.65}$$

であるから，v_2 は v_1 のスカラ倍で表すことができないので，2 本のベクトル v_1，v_2 は線形独立である。よって，独立な列ベクトルは 2 本ある。また，この行列は 3 本の行ベクトル

$$w_1=[1\ \ 2],\quad w_2=[2\ \ 0],\quad w_3=[3\ \ 4] \tag{5.66}$$

で構成されていると見ることもできる。w_2 は w_1 のスカラ倍で表すことができず，これらは線形独立である。また，w_3 は w_1 の 2 倍と w_2 の 1/2 倍との和で表されるので，w_3 は，w_1，w_2 に対して線形従属となっている。したがって，独立な行ベクトルは 2 本であることがわかる。ここまで調べたうえで，式(5.64)の行列のランクを計算してみよう。2 次元の小行列式は三つある。このうち，例えば

$$\begin{vmatrix} 1 & 2 \\ 2 & 0 \end{vmatrix} = -4 \tag{5.67}$$

のようにゼロでないものが存在する。よって $\mathrm{rank}(M)=2$ である。さらに

$$M = \begin{bmatrix} 1 & 2 & 0 \\ 2 & 0 & 0 \\ 3 & 4 & 6 \end{bmatrix} \tag{5.68}$$

に関しては，3本の列ベクトルは

$$v_1 = \begin{bmatrix} 1 \\ 2 \\ 3 \end{bmatrix}, \quad v_2 = \begin{bmatrix} 2 \\ 0 \\ 4 \end{bmatrix}, \quad v_3 = \begin{bmatrix} 0 \\ 0 \\ 6 \end{bmatrix} \tag{5.69}$$

となり，どの1本のベクトルも他の2本のベクトルの線形結合で表現することができない．したがって，3本の列ベクトル v_1，v_2，v_3 は線形独立である．同じように，3本の行ベクトルが線形独立であることを確認することができる．式(5.68)の行列は3×3の大きさであるから，行，列を除くことなく3次元の小行列式を計算すると

$$|M| = \begin{vmatrix} 1 & 2 & 0 \\ 2 & 0 & 0 \\ 3 & 4 & 6 \end{vmatrix} = -24 \tag{5.70}$$

となり，ゼロではないので，rank$(M)=3$ である．この例からわかるように，$n \times n$ 正方行列の場合，ランクが n であることと，正則であることは等価である．

5.5 可 観 測 性

可観測性という性質は，システムの入力 u と出力 y を有限な時間だけ観測

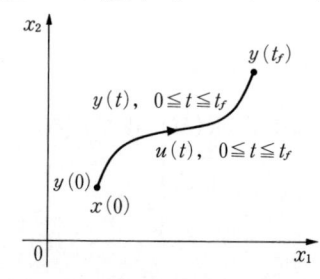

図5.3 入出力データと状態の初期値

5.5 可観測性

して,そのデータからシステムの状態 x を知ることができるかというものである。可観測性に関してはつぎのように定義される(図 5.3)。

「ある有限な時刻 t_f があり,$0 \leq t \leq t_f$ の間の $y(t)$ と $u(t)$ から初期状態 $x(0)$ を一意に決定できるとき,システム 式(5.1),(5.2)は可観測であるという。また,そうでないとき,不可観測であるという。」

初期状態 $x(0)$ を一意的に求めることができるとき,入力 $u(t)$,$t \geq 0$ が既知であることから,状態 $x(t)$,$t \geq 0$ を知ることができる。

可観測であるための条件は,可観測性グラム行列 $W_o(t)$ を用いて,つぎのように書くことができる。

「システム 式(5.1),(5.2)が可観測であるための必要十分条件は,n 次の正方行列である可観測性グラム行列

$$W_o(t) = \int_0^t (ce^{A\tau})^T (ce^{A\tau}) d\tau \tag{5.71}$$

が,ある時刻 $t=t_f>0$ で(したがって,すべての $t>0$ で)正則となることである。」

まず,十分条件である,時刻 $t=t_f$ で $W_o(t)$ が正則であるとき初期状態 $x(0)$ を一意に決定できることを示そう。システムの出力は

$$y(t) = ce^{At}x(0) + \int_0^t ce^{A(t-\tau)}bu(\tau) d\tau \tag{5.72}$$

である。この両辺に左から $(ce^{At})^T$ を掛けると

$$(ce^{At})^T (ce^{At}) x(0) = (ce^{At})^T \left\{ y(t) - \int_0^t ce^{A(t-\tau)}bu(\tau) d\tau \right\} \tag{5.73}$$

になり,これを 0 から t_f まで積分する。

$$\int_0^{t_f} (ce^{At})^T (ce^{At}) dt\, x(0) = \int_0^{t_f} (ce^{At})^T \left\{ y(t) - \int_0^t ce^{A(t-\tau)}bu(\tau) d\tau \right\} dt \tag{5.74}$$

ここで,可観測性グラム行列

$$\int_0^{t_f} (ce^{At})^T (ce^{At}) dt = W_o(t_f) \tag{5.75}$$

は正則であるから,これより初期状態 $x(0)$ はつぎのように決定できる。

$$x(0) = W_o^{-1}(t_f) \int_0^{t_f} (ce^{At})^T \left\{ y(t) - \int_0^t ce^{A(t-\tau)} bu(\tau) d\tau \right\} dt \quad (5.76)$$

つぎに，必要条件を示すために，可観測であるのにもかかわらず，可観測性グラム行列 $W_o(t)$ がすべての $t>0$ で正則でないと仮定して矛盾を導く．正則でないならば，$W_o(t)$ の n 本のベクトルは線形従属であるから，すべての $t>0$ で

$$x^T W_o(t) x = 0 \quad (5.77)$$

とするゼロでない n 次元ベクトル x が存在する．上式に式(5.71)を代入するとつぎのようになる．

$$\begin{aligned}
0 &= x^T W_o(t) x \\
&= \int_0^t (ce^{A\tau} x)^T (ce^{A\tau} x) d\tau \\
&= \int_0^t (ce^{A\tau} x)^2 d\tau \quad (5.78)
\end{aligned}$$

よって，すべての $t>0$ に対して

$$ce^{A\tau} x = 0, \quad 0 \leq \tau \leq t \quad (5.79)$$

を得る．すなわち，すべての $t \geq 0$ に対して

$$ce^{At} x = 0 \quad (5.80)$$

である．

一方，$t=0$ で初期状態が式(5.77)で導入したゼロでないベクトル x である場合，出力は

$$\begin{aligned}
y(t) &= ce^{At} x \\
&= 0 \quad (5.81)
\end{aligned}$$

である．また，初期状態がゼロの場合も，$y(t)=0$ である．すなわち，$y(t)=0$ という情報から，初期状態が式(5.77)で導入したゼロでないベクトル x であるのか，それともゼロのベクトルなのか区別できないことになる．このことは，システムが可観測であることに反する．以上で必要条件を示すことができた．

証明は省略するが，可観測であるための必要十分条件は，可観測性行列

$$U_o = \begin{bmatrix} c \\ cA \\ cA^2 \\ \vdots \\ cA^{n-1} \end{bmatrix} \tag{5.82}$$

のランクが n，すなわち $|U_o| \neq 0$ となることである．また，可観測性は座標変換をしても不変である．

5.6 双 対 性

以上の可制御性と可観測性の議論において，両者の間に非常にはっきりとした対応関係があることに気づく．いま，二つのシステムを考える．

$$\Sigma_1 : \dot{x}(t) = Ax(t) + bu(t) \tag{5.1 再掲}$$
$$y(t) = cx(t) \tag{5.2 再掲}$$
$$\Sigma_2 : \dot{\tilde{x}}(t) = -A^T \tilde{x}(t) + c^T \tilde{u}(t) \tag{5.83}$$
$$\tilde{y}(t) = b^T \tilde{x}(t) \tag{5.84}$$

すると，つぎの命題が成立する．

システム Σ_1 が可制御（可観測）であることと，システム Σ_2 が可観測（可制御）であることは等価である．

このことを示すために，まず，システム Σ_2 の可観測性グラム行列がシステム Σ_1 の可制御性グラム行列と同じであることを導く．可観測性グラム行列は式 (5.71) であるから，システム Σ_2 については

$$W_{2o}(t) = \int_0^t (b^T e^{-A^T \tau})^T (b^T e^{-A^T \tau}) d\tau$$
$$= \int_0^t (e^{-A\tau} b)(e^{-A\tau} b)^T d\tau \tag{5.85}$$

となり，式 (5.29) から，これはシステム Σ_1 の可制御性グラム行列 $W_{1c}(t)$ と一致している．同様に，システム Σ_2 の可制御性グラム行列は

$$W_{2c}(t) = \int_0^t (e^{A^T\tau}c^T)(e^{A^T\tau}c^T)^T d\tau$$

$$= \int_0^t (ce^{A\tau})^T (ce^{A\tau}) d\tau$$

$$= W_{1o}(t) \tag{5.86}$$

となるから，Σ_1 の可観測性グラム行列と一致していることが確認できる。システム Σ_1 と Σ_2 の可制御性と可観測性の図 5.4 のような対応関係を双対であるという。また，システム Σ_1 と Σ_2 を，可制御性と可観測性に関して双対なシステムであるという。

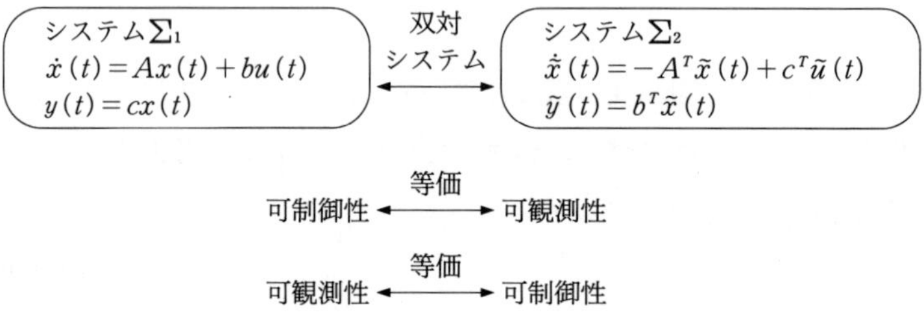

システム Σ_1
$\dot{x}(t) = Ax(t) + bu(t)$
$y(t) = cx(t)$

双対システム

システム Σ_2
$\dot{\tilde{x}}(t) = -A^T \tilde{x}(t) + c^T \tilde{u}(t)$
$\tilde{y}(t) = b^T \tilde{x}(t)$

可制御性 ←等価→ 可観測性

可観測性 ←等価→ 可制御性

図 5.4 双　対　性

同じことを，可制御性行列，可観測性行列から調べてみよう。システム Σ_2 の可観測性行列は，式 (5.82) から

$$U_{2o} = \begin{bmatrix} b^T \\ b^T(-A^T) \\ b^T(-A^T)^2 \\ \vdots \\ b^T(-A^T)^{n-1} \end{bmatrix} = \begin{bmatrix} b^T \\ -b^T A^T \\ b^T(A^T)^2 \\ \vdots \\ (-1)^{n-1} b^T(A^T)^{n-1} \end{bmatrix} \tag{5.87}$$

となる。一方，システム Σ_1 の可制御性行列を転置すると

$$U_{1c}{}^T = \begin{bmatrix} b^T \\ b^T A^T \\ b^T (A^T)^2 \\ \vdots \\ b^T (A^T)^{n-1} \end{bmatrix} \tag{5.88}$$

となる。ランクの性質として，ある行を $a(\neq 0)$ 倍してもランクは不変であり，また，行列を転置してもランクは不変であることが知られている。したがって，式(5.87)と式(5.88)から

$$\text{rank}(U_{2o}) = \text{rank}(U_{1c}) \tag{5.89}$$

が成り立ち，システム Σ_2 の可観測性とシステム Σ_1 の可制御性が等価であることがわかる。同様に，システム Σ_2 の可制御性行列は

$$U_{2c} = [c^T \quad -A^T c^T \quad (A^T)^2 c^T \quad \cdots \quad (-1)^{n-1} (A^T)^{n-1} c^T]$$

$$= \begin{bmatrix} c \\ -cA \\ cA^2 \\ \vdots \\ (-1)^{n-1} cA^{n-1} \end{bmatrix}^T \tag{5.90}$$

となるから

$$\text{rank}(U_{2c}) = \text{rank}(U_{1o}) \tag{5.91}$$

となり，システム Σ_2 の可制御性とシステム Σ_1 の可観測性が等価であることがわかる。

例題 5.3 つぎのシステムの可制御性と可観測性をいろいろな方法で調べよ。

$$\dot{x}(t) = \begin{bmatrix} 0 & 1 \\ 2 & -1 \end{bmatrix} x(t) + \begin{bmatrix} -1 \\ 2 \end{bmatrix} u(t) \qquad ①$$

$$y(t) = [1 \quad 1] x(t) \qquad ②$$

解 (a) まずは，伝達関数を計算する。

$$G(s) = c[sI-A]^{-1}b$$

$$= \begin{bmatrix} 1 & 1 \end{bmatrix} \begin{bmatrix} s & -1 \\ -2 & s+1 \end{bmatrix}^{-1} \begin{bmatrix} -1 \\ 2 \end{bmatrix}$$

$$= \begin{bmatrix} 1 & 1 \end{bmatrix} \frac{1}{s(s+1)-2} \begin{bmatrix} s+1 & 1 \\ 2 & s \end{bmatrix} \begin{bmatrix} -1 \\ 2 \end{bmatrix}$$

$$= \frac{1}{s^2+s-2} \begin{bmatrix} s+3 & s+1 \end{bmatrix} \begin{bmatrix} -1 \\ 2 \end{bmatrix}$$

$$= \frac{(s-1)}{(s+2)(s-1)}$$

$$= \frac{1}{s+2} + \frac{0}{s-1} \tag{③}$$

式(5.28)に示す伝達関数と対応してみると

$$\lambda_1 = -2, \quad \tilde{c}_1 \tilde{b}_1 = 1 \tag{④}$$
$$\lambda_2 = 1, \quad \tilde{c}_2 \tilde{b}_2 = 0 \tag{⑤}$$

である。対角正準形において，すべての $\tilde{b}_i$ がゼロでないときシステムは可制御，また，すべての $\tilde{c}_i$ がゼロでないときシステムは可観測であった。式⑤から，$\tilde{c}_2 = 0$ あるいは $\tilde{b}_2 = 0$ もしくはその両方であり，このシステムは，可制御かつ可観測ではありえない。すなわち，図 5.1 においてモード $z_2(t)$ の操作量側と制御量側の伝達係数のうち少なくともどちらかがゼロとなっており，不可制御もしくは不可観測もしくはその両方であることがわかる。

このシステムには安定な極 $\lambda_1 = -2$ と不安定な極 $\lambda_2 = 1$ があり，伝達関数の計算過程において，$\lambda_2 = 1$ で極-零点相殺をしている。このため，不安定な極 λ_2 に対応するモード $z_2(t)$ が伝達関数上で表現されなくなってしまった。もしも極-零点相殺をしていなければ，このシステムは可制御かつ可観測であった。

(b) 可制御性行列を計算してシステムの可制御性を調べる。

$$U_c = [b \quad Ab]$$

$$= \begin{bmatrix} -1 & 2 \\ 2 & -4 \end{bmatrix} \tag{⑥}$$

$$|U_c| = 4 - 4$$
$$= 0 \tag{⑦}$$

よって，このシステムは不可制御である。

(c) 可観測性行列で調べる。

$$U_o = \begin{bmatrix} c \\ cA \end{bmatrix}$$

$$= \begin{bmatrix} 1 & 1 \\ 2 & 0 \end{bmatrix} \qquad ⑧$$

$$|U_o| = -2$$
$$\neq 0 \qquad ⑨$$

よって，このシステムは可観測である。

以上から，このシステムは可観測だが不可制御であること。また，$z_2(t)$ すなわち $e^{\lambda_2 t} z_2(0)$ の不安定モードが不可制御であることが判明した。したがって，$z_2(0) \neq 0$ のとき，出力 $y(t)$ は時間とともに大きくなり，やがて無限大となる。

(d) 最後に，対角正準形に座標変換して吟味する。

固有値は伝達関数の極と同じであるから，$\lambda_1 = -2$ と $\lambda_2 = 1$ である。例題 5.1 と同じようにしてそれぞれの固有値に対応する固有ベクトルを求めると，$v_1 = [1 \ \ -2]^T$，$v_2 = [1 \ \ 1]^T$ ととることができる。したがって，対角変換行列は

$$T = [v_1 \ \ v_2] = \begin{bmatrix} 1 & 1 \\ -2 & 1 \end{bmatrix} \qquad ⑩$$

となり，またその逆行列は

$$T^{-1} = \begin{bmatrix} 1 & 1 \\ -2 & 1 \end{bmatrix}^{-1} = \frac{1}{1+2} \begin{bmatrix} 1 & -1 \\ 2 & 1 \end{bmatrix} \qquad ⑪$$

である。対角正準形式 $\tilde{A}, \tilde{b}, \tilde{c}$ を計算するとつぎのようになる。

$$\tilde{A} = T^{-1} A T$$
$$= \frac{1}{3} \begin{bmatrix} 1 & -1 \\ 2 & 1 \end{bmatrix} \begin{bmatrix} 0 & 1 \\ 2 & -1 \end{bmatrix} \begin{bmatrix} 1 & 1 \\ -2 & 1 \end{bmatrix}$$
$$= \begin{bmatrix} -2 & 0 \\ 0 & 1 \end{bmatrix} \qquad ⑫$$

$$\tilde{b} = T^{-1} b$$
$$= \frac{1}{3} \begin{bmatrix} 1 & -1 \\ 2 & 1 \end{bmatrix} \begin{bmatrix} -1 \\ 2 \end{bmatrix} = \begin{bmatrix} -1 \\ 0 \end{bmatrix} \qquad ⑬$$

$$\tilde{c} = cT$$
$$= [1 \ \ 1] \begin{bmatrix} 1 & 1 \\ -2 & 1 \end{bmatrix} = [-1 \ \ 2] \qquad ⑭$$

したがって，つぎの対角正準形を得る。

$$\dot{z}(t) = \begin{bmatrix} -2 & 0 \\ 0 & 1 \end{bmatrix} z(t) + \begin{bmatrix} -1 \\ 0 \end{bmatrix} u(t) \qquad ⑮$$

$$y(t) = [-1 \ \ 2] z(t) \qquad ⑯$$

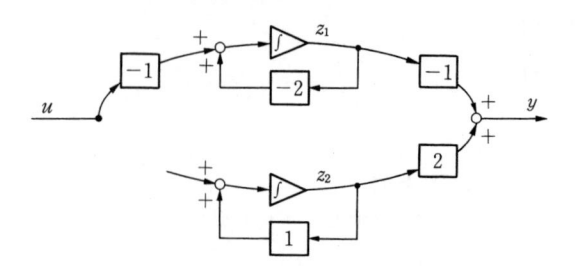

図 5.5 システム⑮，⑯のブロック線図

これより，$z_2(t)$すなわち $e^{\lambda_2 t}z_2(0)$ の不安定モードが不可制御であることがわかる。対角正準形⑮，⑯のブロック線図を図 5.5 に示す。

演 習 問 題

〔1〕 つぎの行列を対角行列に変換せよ。
$$A=\begin{bmatrix} 1 & 1 & 0 \\ 2 & 0 & 0 \\ 3 & 1 & 1 \end{bmatrix}$$

〔2〕 つぎの3次元のシステムの可制御性，可観測性を以下の方法で調べよ。
$$\dot{x}(t)=\begin{bmatrix} -1 & -3 & -5 \\ 0 & -5 & -6 \\ 0 & 3 & 4 \end{bmatrix}x(t)+\begin{bmatrix} 4 \\ 2 \\ -1 \end{bmatrix}u(t)$$
$$y(t)=[2 \quad 1 \quad 4]x(t)$$
 (a) 伝達関数を計算して極-零の相殺を調べる。
 (b) 可制御性行列を計算して可制御性を調べる。
 (c) 可観測性行列を計算して可観測性を調べる。

〔3〕 上と同じシステムの可制御性，可観測性を対角正準形に変換して吟味せよ。

システムの伝達関数

前章まで，システム内部の状態を変数として扱う状態方程式を用いてシステムを表現したうえで，いろいろな解析手法を述べてきた。その中で，システムの入力から出力までの特性を表すのに伝達関数を用いた。この章では，その伝達関数，周波数応答，ボード線図などを紹介する。また最後に，状態方程式と伝達関数の関係を明らかにする。

6.1 信号の伝達

システムまたは要素に外部から入力信号として，単位インパルスを加えたときの出力信号を単位インパルス応答という。図 6.1 のように，単位インパルス応答を $g(t)$ で表すことにする。さて，入出力信号も内部の状態もすべてゼ

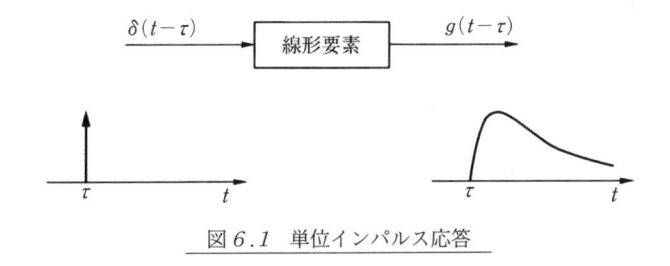

図 6.1 単位インパルス応答

ロである零状態にあるとき不変線形システムに任意の入力信号 $u(t)$ を加えたときの出力信号 $y(t)$ を求めよう。

入力信号 $u(t)$ をインパルスに分解して考える。図 6.2 に示すように，時刻 τ において，高さ $u(\tau)$，幅 $\Delta\tau$ の短冊を切り出すと，これは，単位インパルス $\delta(t-\tau)$ の大きさを $u(\tau)\Delta\tau$ 倍したものに相当し，この短冊の部分に対する応答は，$g(t-\tau)u(\tau)\Delta\tau$ と表すことができる。したがって，入力信号 $u(t)$ に対する応答 $y(t)$ は，線形システムの重ね合わせの性質から

$$y(t) = \int_{-\infty}^{+\infty} g(t-\tau) u(\tau) d\tau \tag{6.1}$$

により計算される。

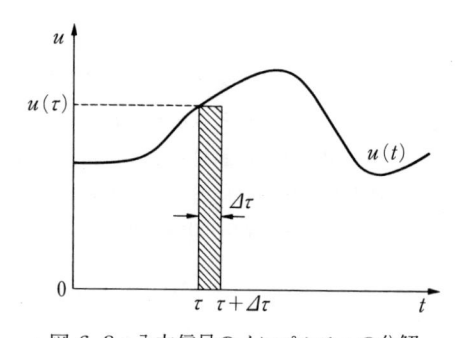

図 6.2 入力信号のインパルスへの分解

物理系のシステムでは因果律が成立するので，インパルス応答も

$$g(t-\tau) = 0, \quad t < \tau \tag{6.2}$$

となることから，式(6.1)は，つぎのように書ける。

$$y(t) = \int_{-\infty}^{t} g(t-\tau) u(\tau) d\tau \tag{6.3}$$

このような形の積分を畳込み積分と呼んでいる。式(6.3)において

$$\tau' = t - \tau \tag{6.4}$$

の変数変換を行うと

$$y(t) = -\int_{t+\infty}^{0} g(\tau') u(t-\tau') d\tau' = \int_{0}^{\infty} g(\tau') u(t-\tau') d\tau' \tag{6.5}$$

となる。ここで，τ' を改めて τ と書くと，上式はつぎのようになる。

6.1 信号の伝達

$$y(t) = \int_0^\infty g(\tau) u(t-\tau) d\tau \tag{6.6}$$

以上によって，$u(t), g(t), y(t)$ 間の関係を求めることができた。時不変線形システムの入力信号から出力信号までの関係は，式 (6.6) の畳込み積分で表される。畳込み積分は，ラプラス変換によって，積の形に変換することができる。$u(t)=0$, $t<0$ として，式 (6.6) の両辺をラプラス変換する。

$$\begin{aligned}
\int_0^\infty y(t) e^{-st} dt &= \int_0^\infty \int_0^\infty g(\tau) u(t-\tau) d\tau e^{-st} dt \\
&= \int_0^\infty g(\tau) e^{-s\tau} d\tau \int_0^\infty u(t-\tau) e^{-s(t-\tau)} dt \\
&= \int_0^\infty g(\tau) e^{-s\tau} d\tau \int_{-\tau}^{\infty-\tau} u(t') e^{-st'} dt' \\
&= \int_0^\infty g(\tau) e^{-s\tau} d\tau \int_0^\infty u(t') e^{-st'} dt' \tag{6.7}
\end{aligned}$$

となるから，$y(t)$, $g(t)$, $u(t)$ のラプラス変換をそれぞれ $Y(s), G(s), U(s)$ と表すとき，次式の関係が成立している。

$$Y(s) = G(s) U(s) \tag{6.8}$$

入力信号 $u(t)$ をラプラス変換したものと単位インパルス応答 $g(t)$ をラプラス変換したものとの積が，出力信号 $y(t)$ をラプラス変換したものになっており，畳込み積分に比べて取扱いが容易になった。この単位インパルス応答 $g(t)$ をラプラス変換したものを伝達関数という。入出力信号が得られる場合は，伝達関数 $G(s)$ は

$$G(s) = \frac{Y(s)}{U(s)} \tag{6.9}$$

として求めることができる。

例題 6.1 ステップ応答が

$$y(t) = 3e^{-t} - 3e^{-2t} \qquad \qquad ①$$

であるとき，この要素の伝達関数を求めよ。

解 まず，出力信号のラプラス変換を求めると
$$\begin{aligned}
Y(s) &= \mathcal{L}[y(t)] \\
&= 3\mathcal{L}[e^{-t}] - 3\mathcal{L}[e^{-2t}]
\end{aligned}$$

$$=\frac{3}{s+1}-\frac{3}{s+2}$$

$$=\frac{3}{(s+1)(s+2)} \qquad ②$$

となる。ステップ関数のラプラス変換は $1/s$ であるから，式(6.9)より伝達関数は

$$G(s)=\frac{3s}{(s+1)(s+2)} \qquad ③$$

である。

6.2 周波数応答

伝達関数 $G(s)$ の要素に，角周波数 ω [rad/s] の正弦波状の信号

$$x(t)=A \sin \omega t \qquad (6.10)$$

を加えたとして，そのときの出力信号 $y(t)$ の定常応答 $y_s(t)$ を求めてみよう。入力信号のラプラス変換は

$$X(s)=\frac{A\omega}{s^2+\omega^2} \qquad (6.11)$$

であるから，出力信号のラプラス変換 $Y(s)$ は次式で与えられる。

$$Y(s)=G(s)X(s)$$

$$=G(s)\frac{A\omega}{s^2+\omega^2} \qquad (6.12)$$

ここで $G(s)$ は n 個の極 p_i が相異なる安定極とする。$Y(s)$ の極は $p_i, i=1,\cdots,n$ と $\pm j\omega$ であるから，出力信号の時間応答はつぎのようになる。

$$y(t)=\mathcal{L}^{-1}\left[G(s)\frac{A\omega}{(s-j\omega)(s+j\omega)}\right]$$

$$=\mathcal{L}^{-1}\left[\sum_{i=1}^{n}\frac{G(s)A\omega(s-p_i)}{(s-j\omega)(s+j\omega)}\bigg|_{s=p_i}\frac{1}{s-p_i}\right]$$

$$+\mathcal{L}^{-1}\left[\frac{G(s)A\omega}{s+j\omega}\bigg|_{s=j\omega}\frac{1}{s-j\omega}\right]+\mathcal{L}^{-1}\left[\frac{G(s)A\omega}{s-j\omega}\bigg|_{s=-j\omega}\frac{1}{s+j\omega}\right]$$

$$=\sum_{i=1}^{n}\frac{G(s)A\omega(s-p_i)}{(s-j\omega)(s+j\omega)}\bigg|_{s=p_i}e^{p_i t}+\frac{G(j\omega)A\omega}{2j\omega}e^{j\omega t}$$

$$-\frac{G(-j\omega)A\omega}{2j\omega}e^{-j\omega t} \qquad (6.13)$$

$e^{p_i t} \to 0$, $t \to \infty$ であるから，過渡応答成分はゼロに漸近し，定常応答成分だけが残る．

$$y_s(t) = A\left\{\frac{G(j\omega)}{2j}e^{j\omega t} - \frac{G(-j\omega)}{2j}e^{-j\omega t}\right\} \qquad (6.14)$$

ここで，$G(j\omega)$ と $G(-j\omega)$ は共役複素数であり，これを極座標形式で表すと

$$G(j\omega) = |G|e^{j\theta} \qquad (6.15)$$

$$G(-j\omega) = |G|e^{-j\theta} \qquad (6.16)$$

である．したがって，定常応答 $y_s(t)$ は入力信号と同じ正弦波

$$y_s(t) = A|G|\left\{\frac{e^{j(\omega t + \theta)}}{2j} - \frac{e^{-j(\omega t + \theta)}}{2j}\right\}$$

$$= |G|A\sin(\omega t + \theta) \qquad (6.17)$$

となり，入力信号の振幅が $|G|$ 倍，位相が θ 進んだ信号となる．ゲイン $|G|$，位相 θ はともに入力信号の角周波数 ω の関数であり，ω を変化させると一般にこれらは変化する．式(6.15)の $G(j\omega)$ を周波数応答あるいは周波数伝達関数と呼んでいる．周波数伝達関数はシステムの伝達関数 $G(s)$ において $s = j\omega$ を代入したもので，システム固有の関数である．周波数伝達関数を図表で表す方法に，ベクトル軌跡，ゲイン-位相線図，ボード線図などがある．次節では，ベクトル軌跡を紹介する．

6.3 ベクトル軌跡

周波数伝達関数 $G(j\omega)$ は複素数である．そこで，直交座標系の横軸を実部，縦軸を虚部にとって，複素数を平面上の位置で表す複素平面を用いる．周波数をゼロから正の無限大まで変化させたときの $G(j\omega)$ が複素平面上に描く軌跡をベクトル軌跡という．ベクトル軌跡は，原点を起点としたベクトル $G(j\omega)$ の先端の軌跡で表される．

|例題| **6.2** 微分要素のベクトル軌跡を作成せよ．

|解| 微分要素の伝達関数は

$$G(s) = T_D s \qquad ①$$

であるから，$s=j\omega$ を代入して周波数伝達関数

$$G(j\omega)=jT_D\omega \qquad ②$$

を得る。ゲインと位相を計算するとつぎのようになる。

$$|G|=\sqrt{(T_D\omega)^2}=T_D\omega$$

$$\theta=\frac{\pi}{2} \qquad ③$$

ω をゼロから正の無限大まで変化させたとき，ゲインはゼロから無限大まで変化するが，位相は変化しない。ゲインを原点からの距離，位相を実軸正方向を基準に反時計回りを正としてプロットすると図 6.3 となる。

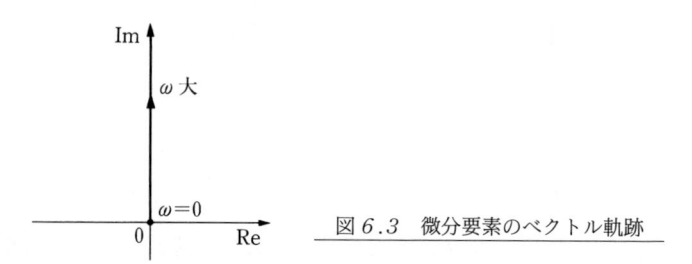

図 6.3 微分要素のベクトル軌跡

例題 6.3 積分要素のベクトル軌跡を作成せよ。

解 積分要素の伝達関数は

$$G(s)=\frac{1}{T_I s} \qquad ①$$

であるから，$s=j\omega$ を代入して周波数伝達関数

$$G(j\omega)=\frac{1}{jT_I\omega}=\frac{-j}{T_I\omega} \qquad ②$$

を得る。ゲインと位相を計算するとつぎのようになる。

$$|G|=\left|\frac{-j}{T_I\omega}\right|=\frac{1}{T_I\omega} \qquad ③$$

$$\theta=-\frac{\pi}{2} \qquad ④$$

ω をゼロから正の無限大まで変化させたとき，ゲインは無限大からゼロまで変化する

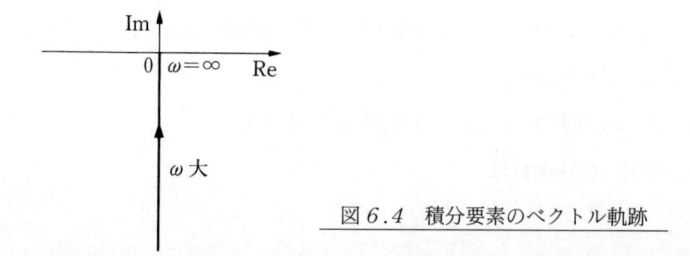

図 6.4 積分要素のベクトル軌跡

が，位相は変化せず，ベクトル軌跡は図 6.4 となる。

例題 6.4 むだ時間要素のベクトル軌跡を作成せよ。

解 むだ時間要素の伝達関数は

$$G(s) = e^{-Ls} \qquad ①$$

であるから，$s = j\omega$ を代入して周波数伝達関数

$$G(j\omega) = e^{-jL\omega}$$
$$= \cos(-L\omega) + j\sin(-L\omega) \qquad ②$$

を得る。ゲインと位相を計算するとつぎのようになる。

$$|G| = 1 \qquad ③$$
$$\theta = -L\omega \qquad ④$$

ω をゼロから正の無限大まで変化させたとき，ゲインは 1 のままで，位相だけが遅れていく。ベクトル軌跡は図 6.5 となる。

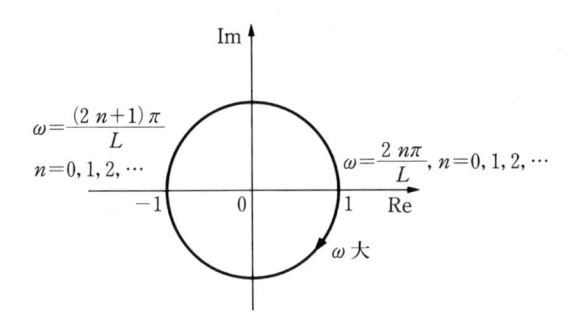

図 6.5 むだ時間要素のベクトル軌跡

例題 6.5 1 次遅れ要素のベクトル軌跡を作成せよ。

解 1 次遅れ要素の伝達関数は

$$G(s) = \frac{1}{1 + Ts} \qquad ①$$

であるから，$s = j\omega$ を代入して周波数伝達関数

$$G(j\omega) = \frac{1}{1 + j\omega T}$$
$$= \frac{1 - j\omega T}{1 + (\omega T)^2}$$
$$= \frac{1}{1 + (\omega T)^2} - j\frac{\omega T}{1 + (\omega T)^2} \qquad ②$$

を得る。ゲインと位相を計算するとつぎのようになる。

$$|G| = \sqrt{\frac{1+(\omega T)^2}{(1+(\omega T)^2)^2}} = \frac{1}{\sqrt{1+(\omega T)^2}} \qquad ③$$

$$\theta = -\tan^{-1}(\omega T) \qquad ④$$

式③, ④から, ω をゼロから正の無限大まで変化させたとき, ゲインは1から単調に減少し最後はゼロに, また位相はゼロから $-\pi/2$ に単調に減少することがわかる。その形を見るために, 式②の実部を p, 虚部を q とおいてみよう。

$$p = \frac{1}{1+(\omega T)^2} \qquad ⑤$$

$$q = \frac{-\omega T}{1+(\omega T)^2} \qquad ⑥$$

上式から

$$\frac{q}{p} = -\omega T \qquad ⑦$$

となるので, これを式⑤に代入して ω を消去すると次式のようになる。

$$p^2 + q^2 = p$$

$$\left(p - \frac{1}{2}\right)^2 + q^2 = \left(\frac{1}{2}\right)^2 \qquad ⑧$$

式⑧は, 中心が $1/2+j0$, 半径が $1/2$ の円を表し, $\omega \geq 0$ のとき $q(\omega) \leq 0$ から, 図 6.6 に示すように, ベクトル軌跡はこの円の下半分となる。

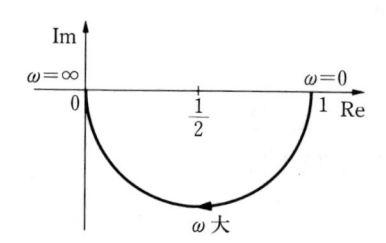

図 6.6 1次遅れ要素のベクトル軌跡

6.4 ボード線図

周波数伝達関数を表示するのに, 横軸に角周波数 ω を対数目盛でとり, ゲイン特性曲線と位相特性曲線を別々に描く。ゲインは, 次式で定義するデシベル量 g を用いる。

$$g = 20 \log_{10}|G| \quad [\text{dB}] \qquad (6.18)$$

6.4 ボード線図

ベクトル軌跡と同様に，いくつかの代表的な要素のボード線図を例示しよう。

例題 6.6 比例要素のボード線図を作成せよ。

解 比例要素の伝達関数は

$$G(s) = K \tag{①}$$

なので，周波数伝達関数も同じく

$$G(j\omega) = K \tag{②}$$

である。ゲインと位相を計算する。

$$g = 20 \log_{10} K \quad [\text{dB}] \tag{③}$$

$$\theta = \angle K = 0 \quad [\text{rad}] \tag{④}$$

したがって，このボード線図は図 6.7 となる。

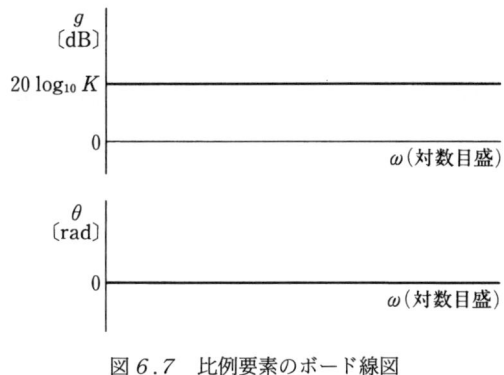

図 6.7 比例要素のボード線図

ここで，二つの周波数伝達関数 $G_1(j\omega)$, $G_2(j\omega)$ の積のボード線図を考えてみよう。

$$G_3(j\omega) = G_1(j\omega) G_2(j\omega) \tag{6.19}$$

まず，ゲインはつぎのようになる。

$$\begin{aligned} g_3 &= 20 \log_{10} |G_1(j\omega) G_2(j\omega)| \\ &= 20 \log_{10} ||G_1|e^{j\theta_1}|G_2|e^{j\theta_2}| \\ &= 20 \log_{10} |G_1| + 20 \log_{10} |G_2| \\ &= g_1 + g_2 \end{aligned} \tag{6.20}$$

また，位相に関しても同様に

$$\theta_3 = \angle (G_1(j\omega) G_2(j\omega))$$

$$= \angle(|G_1|e^{j\theta_1}|G_2|^{j\theta_2})$$
$$= \angle(|G_1||G_2|e^{j(\theta_1+\theta_2)})$$
$$= \theta_1 + \theta_2 \tag{6.21}$$

となる。したがって，積のボード線図は，$G_1(j\omega)$，$G_2(j\omega)$ のボード線図を作成しておき，ゲイン特性曲線，位相特性曲線ともに，それぞれを同じ値の ω について図面上で加え合わすことにより得ることができる。

式 (6.19) において

$$G_2(j\omega) = \frac{1}{G_1(j\omega)} \tag{6.22}$$

であるとき

$$G_3(j\omega) = 1 \tag{6.23}$$

となる。よって，例題 6.6 の式③，④から，式 (6.20)，(6.21) はつぎのようになる。

$$0 = g_1 + g_2 \tag{6.24}$$
$$0 = \theta_1 + \theta_2 \tag{6.25}$$

上式より

$$g_2 = -g_1 \tag{6.26}$$
$$\theta_2 = -\theta_1 \tag{6.27}$$

であることがわかる。すなわち，$1/G(j\omega)$ のボード線図は，$G(j\omega)$ のボード線図と横軸に関して対称となる。

例題 6.7 微分要素のボード線図を作成せよ。

解 微分要素の周波数伝達関数は

$$G(j\omega) = jT_D\omega \qquad ①$$

である。ゲインと位相を計算するとつぎのようになる。

$$g = 20\log_{10}(T_D\omega)$$
$$= 20\log_{10}T_D + 20\log_{10}\omega \qquad ②$$
$$\theta = \angle jT_D\omega = \frac{\pi}{2} \qquad ③$$

式②において T_D は定数で ω が変数である。ω が増加するときゲイン g は $20\log_{10}\omega$ で増加するが，横軸も ω の対数目盛なので，結局ゲイン特性曲線は直線になる。ω

6.4 ボード線図

が10倍増加するごとに20〔dB〕増加する一定の傾きを持った直線であり，この傾きを20〔dB/dec〕で表す．また，横軸との切片は，式②で $g=0$ とする ω であるから，$T_D\omega=1$ すなわち，$\omega=1/T_D$ である．以上より，ボード線図は図6.8となる．

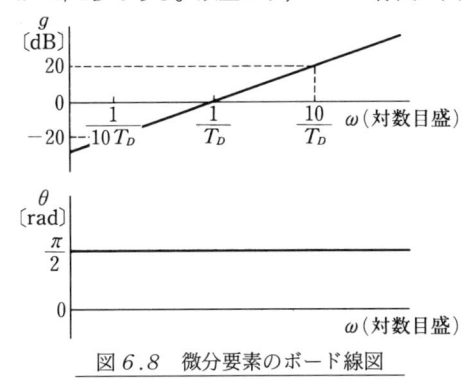

図6.8 微分要素のボード線図

例題 6.8 積分要素のボード線図を作成せよ．

解 積分要素の周波数伝達関数は

$$G(j\omega) = \frac{1}{jT_I\omega} \qquad ①$$

である．ゲインと位相を計算するとつぎのようになる．

$$g = 20 \log_{10}\left(\frac{1}{T_I\omega}\right)$$
$$= 20 \log_{10}\frac{1}{T_I} - 20 \log_{10}\omega \qquad ②$$

$$\theta = \angle\frac{1}{jT_I\omega} = -\frac{\pi}{2} \qquad ③$$

式②において ω が変数である．ω が増加するに従いゲイン g は $20\log_{10}\omega$ で減少するが，横軸も ω の対数目盛なので，結局ゲイン特性曲線は，ω が10倍増加するごとに20〔dB〕減少する一定の傾きをもった直線となる．この傾きを -20〔dB/dec〕で表す．また，横軸との接点は，式②で $g=0$ とする ω であるから，$T_I\omega=1$ すなわち，$\omega=1/T_I$ である．

以上より，ボード線図は図6.9となる．積分要素は，微分要素の逆数なので，図6.8と比べて横軸に関して対称なボード線図となっている．

例題 6.9 1次遅れ要素のボード線図を作成せよ．

解 1次遅れ要素の周波数伝達関数は

$$G(j\omega) = \frac{1}{1+j\omega T} \qquad ①$$

である．ゲインと位相を計算するとつぎのようになる．

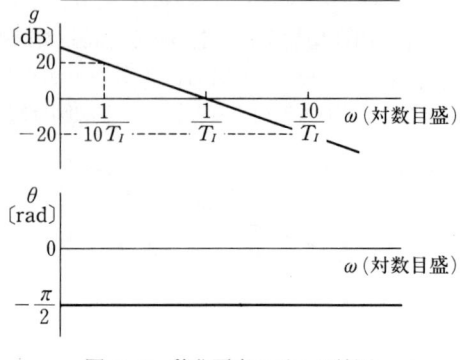

図 6.9 積分要素のボード線図

$$g = 20 \log_{10} \left| \frac{1}{1+j\omega T} \right|$$

$$= 20 \log_{10} 1 - 20 \log_{10} |1+j\omega T|$$

$$= -20 \log_{10} \sqrt{1+(\omega T)^2} \qquad ②$$

$$\theta = \angle \frac{1}{1+j\omega T}$$

$$= \angle \frac{1-j\omega T}{1+(\omega T)^2}$$

$$= \tan^{-1}\left(\frac{-\omega T}{1}\right)$$

$$= -\tan^{-1}(\omega T) \qquad ③$$

ここで,漸近線を考えてみよう。

(1) $\omega \ll 1/T$ のとき:

$$g = -20 \log_{10} \sqrt{1+0^2}$$

$$= -20 \log_{10} 1$$

$$= 0 \qquad ④$$

$$\theta = -\tan^{-1} 0$$

$$= 0 \qquad ⑤$$

(2) $\omega \gg 1/T$ のとき:

$$g = -20 \log_{10}(\omega T)$$

$$= 20 \log_{10} \frac{1}{T} - 20 \log_{10} \omega \qquad ⑥$$

$$\theta = -\tan^{-1} \infty$$

$$= -\frac{\pi}{2} \qquad ⑦$$

すなわち,(1)は比例要素,(2)は積分要素のボード線図が漸近線となっている。こ

れら2本の漸近線の交点は，$\omega=1/T$ であるから，このときのゲインと位相を計算しておく．

（3） $\omega=1/T$ のとき：

$$g=-20\log_{10}\sqrt{1+1}$$
$$=-20\log_{10}2^{\frac{1}{2}}$$
$$=-10\log_{10}2$$
$$=-3.01 \qquad ⑧$$

$$\theta=-\tan^{-1}1$$
$$=-\frac{\pi}{4} \qquad ⑨$$

である．さらに，位相特性曲線において，$\omega=1/T$ のときの位相 $\theta=-\pi/4$ で接線を引くと，この接線が $\theta=0$，$\theta=-\pi/2$ となるのはそれぞれ，$\omega=1/(5T)$，$\omega=5/T$ である．このときの位相を計算すると

$$\theta=-\tan^{-1}\frac{1}{5}$$
$$=-0.063\pi \quad 〔\mathrm{rad}〕$$
$$=-11.3 \quad 〔\mathrm{deg}〕 \qquad ⑩$$

$$\theta=-\tan^{-1}5$$
$$=-\frac{\pi}{2}+0.063\pi \quad 〔\mathrm{rad}〕$$
$$=-90+11.3 \quad 〔\mathrm{deg}〕 \qquad ⑪$$

と求められる．

式②，③からゲイン特性曲線と位相特性曲線を描くと図6.10のようになる．こ

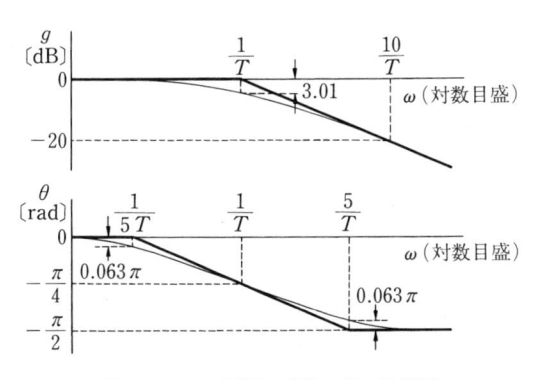

図6.10 1次遅れ要素のボード線図

の曲線を，上で検討した漸近線と接線によって折れ線で近似すると，ゲイン特性曲線における最大誤差は $\omega=1/T$ のときの 3.01 〔dB〕，位相特性曲線における最大誤差は $\omega=1/(5T)$ と $\omega=5/T$ のときであって，0.063π 〔rad〕である。

6.5 状態方程式と伝達関数の関係

システムの表現方法として状態方程式と伝達関数を解説してきた。ここでは，両者の関係について考える。まずは，伝達関数から状態方程式を求めてみよう。

いま，入力 $U(s)$ から出力 $Y(s)$ までの伝達関数が

$$G(s)=\frac{K}{s^n+a_{n-1}s^{n-1}+\cdots+a_1s+a_0} \tag{6.28}$$

で与えられているとする。上式より

$$s^nY(s)+a_{n-1}s^{n-1}Y(s)+\cdots+a_1sY(s)+a_0Y(s)=KU(s) \tag{6.29}$$

であるから，このシステムの微分方程式はつぎのようになる。

$$y(t)^{(n)}+a_{n-1}y(t)^{(n-1)}+\cdots+a_1\dot{y}(t)+a_0y(t)=Ku(t) \tag{6.30}$$

この n 階の微分方程式を1階の連立微分方程式に変換しなくてはならない。そこで

$$y(t)=x_1(t) \tag{6.31}$$

なる変数を導入する。さらに，この時間微分を

$$\dot{y}(t)=\dot{x}_1(t)=x_2(t) \tag{6.32}$$

で表すことにする。以下同様に，新しい変数 $x_3(t),\cdots,x_n(t)$ を導入する。

$$\ddot{y}(t)=\dot{x}_2(t)=x_3(t) \tag{6.33}$$

$$\cdots$$

$$y(t)^{(n-1)}=\dot{x}_{n-1}(t)=x_n(t) \tag{6.34}$$

これらの関係を式(6.30)に代入するとつぎのようになる。

$$\dot{x}_n(t)+a_{n-1}x_n(t)+\cdots+a_1x_2(t)+a_0x_1(t)=Ku(t) \tag{6.35}$$

したがって，n 階の微分方程式(6.30)は1階の連立微分方程式

6.5 状態方程式と伝達関数の関係

$$\dot{x}_1(t) = x_2(t) \tag{6.36}$$

$$\dot{x}_2(t) = x_3(t) \tag{6.37}$$

$$\cdots$$

$$\dot{x}_{n-1}(t) = x_n(t) \tag{6.38}$$

$$\dot{x}_n(t) = -a_0 x_1(t) - a_1 x_2(t) - \cdots - a_{n-1} x_n(t) + K u(t) \tag{6.39}$$

に変換することができた。式(6.36)〜式(6.39)をまとめて

$$\begin{bmatrix} \dot{x}_1(t) \\ \dot{x}_2(t) \\ \vdots \\ \dot{x}_{n-1}(t) \\ \dot{x}_n(t) \end{bmatrix} = \begin{bmatrix} 0 & 1 & 0 & \cdots & 0 \\ 0 & 0 & 1 & & 0 \\ \vdots & & & \ddots & \\ 0 & 0 & 0 & & 1 \\ -a_0 & -a_1 & -a_2 & \cdots & -a_{n-1} \end{bmatrix} \begin{bmatrix} x_1(t) \\ x_2(t) \\ \vdots \\ x_{n-1}(t) \\ x_n(t) \end{bmatrix} + \begin{bmatrix} 0 \\ 0 \\ \vdots \\ 0 \\ K \end{bmatrix} u(t) \tag{6.40}$$

となる。伝達関数 式(6.28)の係数がそのまま現れていることが特徴である。また、式(6.31)から

$$y(t) = \begin{bmatrix} 1 & 0 & \cdots & 0 & 0 \end{bmatrix} \begin{bmatrix} x_1(t) \\ x_2(t) \\ \vdots \\ x_{n-1}(t) \\ x_n(t) \end{bmatrix} \tag{6.41}$$

を得る。式(6.40), (6.41)をブロック線図で表したのが図6.11である。では、伝達関数の分子側にも s の多項式がある場合はどうなるであろうか。

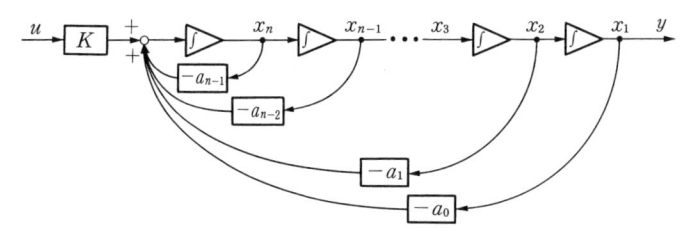

図6.11 式(6.40), (6.41)のブロック線図

$$G(s) = \frac{b_m s^m + b_{m-1} s^{m-1} + \cdots + b_1 s + b_0}{s^n + a_{n-1} s^{n-1} + \cdots + a_2 s^2 + a_1 s + a_0} \qquad (6.42)$$

ただし, $n > m$ とする. 上式はつぎのように書き表すことができる.

$$\frac{Y_1(s)}{U(s)} = \frac{1}{s^n + a_{n-1} s^{n-1} + \cdots + a_2 s^2 + a_1 s + a_0} \qquad (6.43)$$

$$\frac{Y(s)}{Y_1(s)} = b_m s^m + b_{m-1} s^{m-1} + \cdots + b_1 s + b_0 \qquad (6.44)$$

式(6.43)は, 式(6.28)において $Y(s)$ を $Y_1(s)$ とし, かつ $K=1$ とした場合に相当するので, 式(6.40)で $K=1$ としたものに変換される. ここまでをまとめると, 新しい変数 $x_1(t), \cdots, x_n(t)$ を式(6.45)~式(6.48)で導入して, 式(6.49)となる.

$$y_1(t) = x_1(t) \qquad (6.45)$$

$$\dot{y}_1(t) = \dot{x}_1(t) = x_2(t) \qquad (6.46)$$

$$\ddot{y}_1(t) = \dot{x}_2(t) = x_3(t) \qquad (6.47)$$

$$\cdots$$

$$y_1(t)^{(n-1)} = \dot{x}_{n-1}(t) = x_n(t) \qquad (6.48)$$

$$\begin{bmatrix} \dot{x}_1(t) \\ \dot{x}_2(t) \\ \vdots \\ \dot{x}_{n-1}(t) \\ \dot{x}_n(t) \end{bmatrix} = \begin{bmatrix} 0 & 1 & 0 & \cdots & 0 \\ 0 & 0 & 1 & & 0 \\ \vdots & & & \ddots & \\ 0 & 0 & 0 & & 1 \\ -a_0 & -a_1 & -a_2 & \cdots & -a_{n-1} \end{bmatrix} \begin{bmatrix} x_1(t) \\ x_2(t) \\ \vdots \\ x_{n-1}(t) \\ x_n(t) \end{bmatrix} + \begin{bmatrix} 0 \\ 0 \\ \vdots \\ 0 \\ 1 \end{bmatrix} u(t)$$

$$(6.49)$$

さて, 式(6.44)は, $Y(s)$ と $Y_1(s)$ の関係であり, 時間領域では

$$y(t) = b_m y_1(t)^{(m)} + b_{m-1} y_1(t)^{(m-1)} + \cdots + b_1 \dot{y}_1(t) + b_0 y_1(t) \qquad (6.50)$$

となる. これに式(6.45)~式(6.48)を用いて新しい変数で表すと, つぎのようになる.

$$y(t) = b_m x_{m+1}(t) + b_{m-1} x_m(t) + \cdots + b_1 x_2(t) + b_0 x_1(t) \qquad (6.51)$$

よって

6.5 状態方程式と伝達関数の関係

$$y(t) = \begin{bmatrix} b_0 & b_1 & \cdots & b_m & 0 & \cdots & 0 \end{bmatrix} \begin{bmatrix} x_1(t) \\ x_2(t) \\ \vdots \\ x_{m+1}(t) \\ x_{m+2}(t) \\ \vdots \\ x_n(t) \end{bmatrix} \quad (6.52)$$

と書ける。伝達関数 式(6.42)の分母多項式の係数は式(6.49)のパラメータとして陽に現れ、同分子多項式の係数は式(6.52)のパラメータとして陽に現れているのが特徴である。図6.12に式(6.49), (6.52)のブロック線図を示す。この形で表されたシステムを可制御正準形と呼び, 8.2節で詳しく解説する。

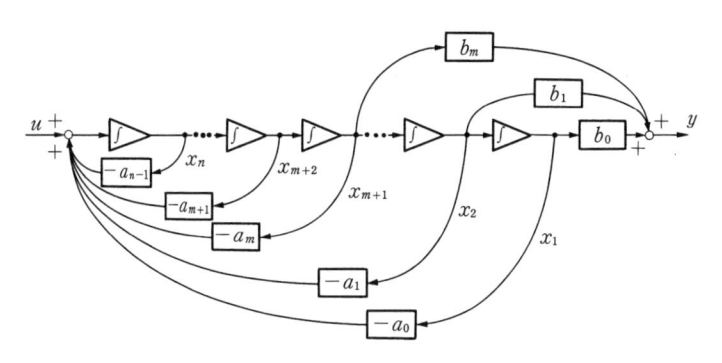

図6.12 式(6.49), (6.52)のブロック線図

つぎに，伝達関数 $G(s)$ の極が陽に現れる表現形式に変換する方法を述べる。伝達関数の極を $\lambda_i, i=1,\cdots,n$ とすると

$$G(s) = \frac{b_m s^m + b_{m-1} s^{m-1} + \cdots + b_1 s + b_0}{(s-\lambda_1)(s-\lambda_2)\cdots(s-\lambda_n)} \quad (6.53)$$

で表される。ここで，極がすべてたがいに相異なるとすると, $G(s)$ はつぎに示すような部分分数に展開することができる。

$$G(s) = \frac{a_1}{s-\lambda_1} + \frac{a_2}{s-\lambda_2} + \cdots + \frac{a_n}{s-\lambda_n} \tag{6.54}$$

ここで，分子の係数は

$$a_i = (s-\lambda_i)G(s)|_{s=\lambda_i} \tag{6.55}$$

で求めることができる。係数 a_i を

$$a_i = b_i c_i, \quad i = 1, \cdots, n \tag{6.56}$$

のように，b_i と c_i の積にして表すと，式(6.54)はつぎのようになる。

$$G(s) = \frac{b_1 c_1}{s-\lambda_1} + \frac{b_2 c_2}{s-\lambda_2} + \cdots + \frac{b_n c_n}{s-\lambda_n} \tag{6.57}$$

上式は，n 個のサブシステムの並列結合を表しており，図6.13のブロック線図となる。これを状態方程式で表現すると

$$\begin{bmatrix} \dot{x}_1(t) \\ \dot{x}_2(t) \\ \vdots \\ \dot{x}_n(t) \end{bmatrix} = \begin{bmatrix} \lambda_1 & & & \\ & \lambda_2 & & \\ & & \ddots & \\ & & & \lambda_n \end{bmatrix} \begin{bmatrix} x_1(t) \\ x_2(t) \\ \vdots \\ x_n(t) \end{bmatrix} + \begin{bmatrix} b_1 \\ b_2 \\ \vdots \\ b_n \end{bmatrix} u(t) \tag{6.58}$$

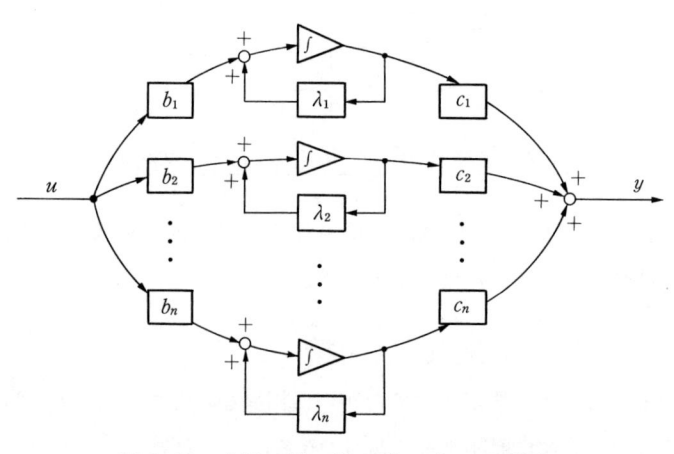

図6.13 式(6.58)，(6.59)のブロック線図

6.5 状態方程式と伝達関数の関係

$$y(t) = \begin{bmatrix} c_1 & c_2 & \cdots & c_n \end{bmatrix} \begin{bmatrix} x_1(t) \\ x_2(t) \\ \vdots \\ x_n(t) \end{bmatrix} \tag{6.59}$$

となる．上式から明らかなように，固有値に対応する各状態変数はたがいに干渉しない．この形で表されたシステムを対角正準形と呼び，5.2節で詳しく解説している．以上，伝達関数から，可制御正準形と対角正準形を求める方法を考察した．

最後に，これらから伝達関数を計算してみよう．状態方程式が

$$\dot{x}(t) = Ax(t) + bu(t) \tag{5.1 再掲}$$

$$y(t) = cx(t) \tag{5.2 再掲}$$

で与えられているときの伝達関数は

$$G(s) = c(sI - A)^{-1}b \tag{6.60}$$

であるから，可制御正準形については，$n=4$，$m=3$ の場合つぎのようになる．

$$(sI-A)^{-1} = \begin{bmatrix} s & -1 & 0 & 0 \\ 0 & s & -1 & 0 \\ 0 & 0 & s & -1 \\ a_0 & a_1 & a_2 & s+a_3 \end{bmatrix}^{-1}$$

$$= \frac{1}{|sI-A|} \begin{bmatrix} * & * & * & \alpha \\ * & * & * & \beta \\ * & * & * & \gamma \\ * & * & * & \delta \end{bmatrix} \tag{6.61}$$

ここで

$$\alpha = (-1)^{1+4} \begin{vmatrix} -1 & 0 & 0 \\ s & -1 & 0 \\ 0 & s & -1 \end{vmatrix} = 1 \tag{6.62}$$

$$\beta = (-1)^{2+4} \begin{vmatrix} s & 0 & 0 \\ 0 & -1 & 0 \\ 0 & s & -1 \end{vmatrix} = s \tag{6.63}$$

$$\gamma = (-1)^{3+4} \begin{vmatrix} s & -1 & 0 \\ 0 & s & 0 \\ 0 & 0 & -1 \end{vmatrix} = s^2 \tag{6.64}$$

$$\delta = (-1)^{4+4} \begin{vmatrix} s & -1 & 0 \\ 0 & s & -1 \\ 0 & 0 & s \end{vmatrix} = s^3 \tag{6.65}$$

$$|sI-A| = \begin{vmatrix} s & -1 & 0 & 0 \\ 0 & s & -1 & 0 \\ 0 & 0 & s & -1 \\ a_0 & a_1 & a_2 & s+a_3 \end{vmatrix}$$

$$= s \begin{vmatrix} s & -1 & 0 \\ 0 & s & -1 \\ a_1 & a_2 & s+a_3 \end{vmatrix} - a_0 \begin{vmatrix} -1 & 0 & 0 \\ s & -1 & 0 \\ 0 & s & -1 \end{vmatrix}$$

$$= s(s^2(s+a_3) + a_1 + a_2 s) + a_0$$

$$= s^4 + a_3 s^3 + a_2 s^2 + a_1 s + a_0 \tag{6.66}$$

であるから

$$c(sI-A)^{-1}b = [b_0 \quad b_1 \quad b_2 \quad b_3] \frac{1}{s^4 + a_3 s^3 + a_2 s^2 + a_1 s + a_0}$$

$$\times \begin{bmatrix} * & * & * & 1 \\ * & * & * & s \\ * & * & * & s^2 \\ * & * & * & s^3 \end{bmatrix} \begin{bmatrix} 0 \\ 0 \\ 0 \\ 1 \end{bmatrix}$$

$$= \frac{1}{s^4+a_3s^3+a_2s^2+a_1s+a_0}[b_0 \quad b_1 \quad b_2 \quad b_3]\begin{bmatrix}1\\s\\s^2\\s^3\end{bmatrix}$$

$$= \frac{b_3s^3+b_2s^2+b_1s+b_0}{s^4+a_3s^3+a_2s^2+a_1s+a_0} \tag{6.67}$$

となる。また，対角正準形から伝達関数への変換は式(5.28)に示したとおりである。

演 習 問 題

〔1〕 インパルス応答が
$$y(t)=4e^{-2t}+3e^{-5t}$$
であるとき，この要素の伝達関数を求めよ。

〔2〕 伝達関数が
$$G(s)=\frac{4s+1}{(s+2)(s+3)}$$
であるときのインパルス応答を求めよ。

〔3〕 前問と同じ伝達関数においてステップ応答を求めよ。

〔4〕 伝達関数が
$$G(s)=\frac{2s+5}{s^3+7s^2+18s+24}$$
であるとき，状態方程式を求めよ。また，求めた状態方程式から伝達関数を計算して元に戻ることを確認せよ。

7

フィードバック制御

制御システムを構成する第1の目的はシステムの安定化である．そこで，本章ではナイキストの安定判別を紹介する．安定か不安定かの判定だけではなく，どのくらい安定なのかを定量的に判断するための指標を導入し，安定度を考える．さらに，フィードバック制御系の定常特性と内部モデルの原理を議論する．

7.1 フィードバック制御

制御を施そうとするとき，目的を実現する操作量をあらかじめ計算しておいてシステムに入力する方法が考えられる．これはフィードフォワード制御と呼ばれ，システムについて完全にわかっており，かつ外乱が存在しない場合は，計算どおりに制御することができる．

システムに関する知識が不完全である場合は，モデルで表現しきれなかった動きが実システムに存在することになる．あるいは，外乱が入ったときには，図 7.1 に示すフィードフォワード制御では，制御量を目標値に一致させることはできない．

このようなときは，制御対象の状態をつねに監視しながら操作することが要

7.1 フィードバック制御

図7.1 フィードフォワード制御

求される．制御対象の特性や，その置かれている環境に関する知識が完璧でない場合は，施した操作量の情報だけから制御量の動きを正確に予測することは不可能であるから，図7.2に示すフィードバック制御とならざるを得ない．制御量の現在値をセンサで測定し，フィードバックして目標値と比較して，それらの値を一致させるように修正動作を行う．このように，ループが閉じていることから，フィードバック制御を閉ループ制御ともいう．これに対し，フィードフォワード制御を開ループ制御という．

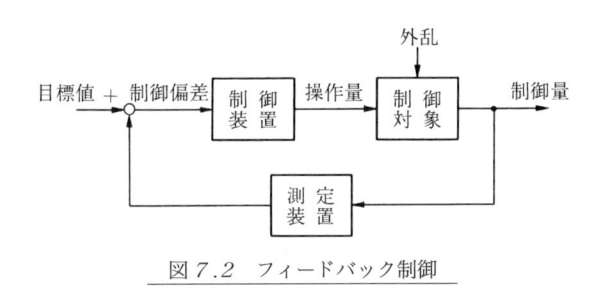

図7.2 フィードバック制御

システムの応答に関しては3章で議論した．ここから明らかなように，時刻tにおける状態$x(t)$が与えられれば，それ以降の状態は，入力によって一意に定まる．言い換えれば，時刻tより前の状態に関する情報は，未来の状態を予測するのにまったく必要ではない．すなわち，状態$x(t)$は，制御対象の未来の動きを知るために必要で十分な情報をもっており，状態をフィードバックすることは，その意味で，理想的なフィードバック制御であるといえる．

制御システムを設計する仕様として

(1) システムが安定に動作し，
(2) 過大なオーバシュートや激しい振動がなく，すみやかに定常状態に達し，
(3) 制御量が目標値に一致する，

ことがあげられる。

7.2　ナイキストの安定判別法

　ナイキストの安定判別法は，ベクトル軌跡を描いてフィードバック制御系の安定性を判定する図的手法である。フィードバック制御系のブロック線図を図 7.3 に示す。前向き伝達関数 $G(s)$ の入力に点 A，フィードバック伝達関数 $H(s)$ の出力に点 B をとる。外部入力信号 $R(s)$ をゼロとして，点 A で存在した正弦波がフィードバックループを一巡してどのような波形に整形されて再び点 A を通過するかを調べよう。

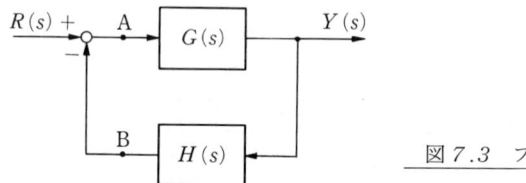

図 7.3　フィードバック制御系

　いま，一巡伝達関数 $G(s)H(s)$ の周波数応答 $G(j\omega)H(j\omega)$ のベクトル軌跡を描いたところ，図 7.4 が得られたとする。$\omega=\omega_0$ のとき $-1+j0$ であるから，$G(j\omega_0)H(j\omega_0)$ のゲイン $|GH|$ は 1 で位相は $-\pi$ である。したがって，点 A で $\sin\omega_0 t$ の正弦波は点 B で $\sin(\omega_0 t-\pi)$ となる。$\sin(\omega_0 t-\pi)=-\sin\omega_0 t$ であるから，正弦波 $\sin\omega_0 t$ はフィードバックループを一巡してまったく同じ

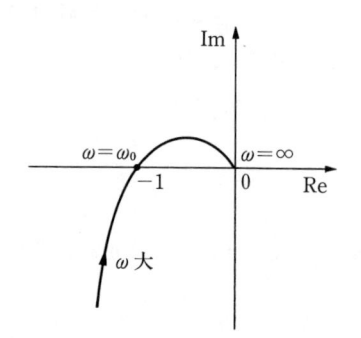

図 7.4　$G(j\omega)H(j\omega)$ のベクトル軌跡

7.2 ナイキストの安定判別法

信号として再び点Aに戻ってきた。すなわち，点Aには，周波数 ω_0 の一定振幅の振動が続くことがわかる。これを図 7.5 に示す。

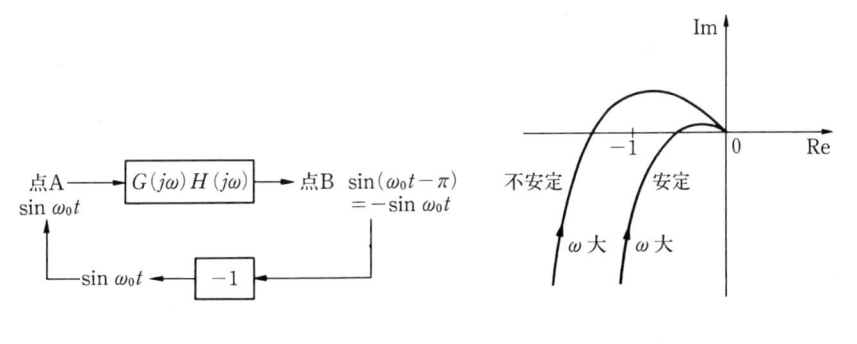

図 7.5　正弦波 $\sin \omega_0 t$ の伝達

図 7.6　ナイキストの安定判別法

一巡周波数応答 $G(j\omega)H(j\omega)$ のベクトル軌跡が負の実軸を横切る周波数を ω_0 とする。図 7.6 のように，実軸上で $-1+j0$ よりも原点から離れたところを通過する場合，点Aの信号 $\sin \omega_0 t$ は一巡するごとに増幅される。逆に，実軸上で $-1+j0$ よりも原点に近いところを通過する場合は，点Aの信号 $\sin \omega_0 t$ は一巡するごとに縮小し，時間とともに消滅していく。

ナイキストの安定判別法をまとめるとつぎのようになる。

(1) 与えられたフィードバック制御系の一巡周波数応答 $G(j\omega)H(j\omega)$ を求め，ω をゼロから正の無限大まで変化させたときのベクトル軌跡を描く。

(2) このベクトル軌跡が負の実軸を横切るとき，点 $-1+j0$ を左に見て通ればフィードバック制御系は安定，右に見て通れば系は不安定，点 $-1+j0$ 上を通過するとき系は安定限界である。

一巡周波数応答のベクトル軌跡が1次遅れ要素や2次遅れ要素のように第2象限に入らず負の実軸と交わらない場合は，フィードバック制御系は安定となる。このベクトル軌跡は，フィードバック制御系の安定判別に使えるだけでなく，系がどの程度安定かという安定度の定義にも使われる。

7.3 安　定　度

　フィードバック制御系にとって安定であることは絶対必要であるが，安定でさえあればそれだけでよいかといえば，そうではない。制御系設計において安定限界ぎりぎりに設計した場合，なんらかの原因によって制御対象のパラメータがわずかに変化するとフィードバック制御系が不安定になってしまうことがある。これを防止するためには，安定に関していくらかの余裕をもたせておくことが必要である。すなわち，一巡周波数応答のベクトル軌跡を $-1+j0$ からある程度離しておけばよい。以下において，どの程度離れているかを定量的に定義する。

　点 $-1+j0$ から，一巡周波数応答のベクトル軌跡に垂線を下ろし，その長さを調べるのはたいへんである。点 $-1+j0$ は，ゲイン1，位相 $-\pi$ であるから，まず，一巡周波数応答のゲインが1になったときに，位相が $-\pi$ よりどの程度離れているかを，位相の余裕として定義する。図7.7に示すように，原点をOとし，これを中心とする半径1の円を描いてベクトル軌跡との交点をPとする。このとき，負の実軸を基準として反時計方向に測る線分OPの角度を位相余裕 ϕ_m という。このベクトル軌跡は，点 $-1+j0$ を左に見て負の実軸を横切っているので，フィードバック制御系は安定である。したがって，位相余裕 ϕ_m が正のとき，フィードバック制御系は安定，負のときは不安定，ゼロのと

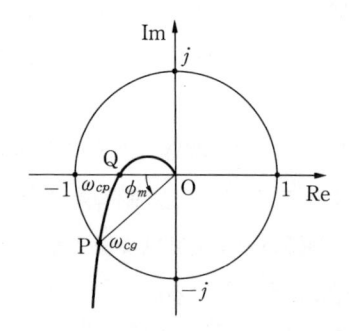

図7.7　位相余裕とゲイン余裕

きは安定限界ということができる。

つぎに定義するゲイン余裕 g_m は，一巡周波数応答の位相が $-\pi$ になったときに，ゲインが1よりどの程度離れているかを，ゲインの余裕として定量的に評価するものである。ベクトル軌跡が負の実軸と交わる点をQとするとき，線分OQの長さを使って

$$g_m = 20 \log_{10} \frac{1}{\mathrm{OQ}} \tag{7.1}$$

で得られる量をゲイン余裕という。OQが1より小さければ g_m は正，逆に1より大きければ g_m は負となる。したがって，ゲイン余裕 g_m が正のとき，フィードバック制御系は安定，負のときは不安定，ゼロのときは安定限界ということができる。なお，点Pにおける ω をゲイン交差角周波数 ω_{cg}，点Qにおける ω_{cp} を位相交差角周波数と呼んでいる。

以上の位相余裕，ゲイン余裕をボード線図上で考えてみよう。図7.7の点Pの周波数 ω_{cg} は，一巡周波数応答が単位円と交わるときであるから，図7.8のボード線図のゲイン特性曲線が0〔dB〕となる周波数である。この周波数における位相と $-\pi$ との差が位相余裕 ϕ_m である。ゲイン交差角周波数 ω_{cg} を用いた式で表すと位相余裕は

$$\phi_m = \theta(\omega_{cg}) - (-\pi) \tag{7.2}$$

となる。また，図7.7の点Qの周波数 ω_{cp} は，負の実軸と交わるときである

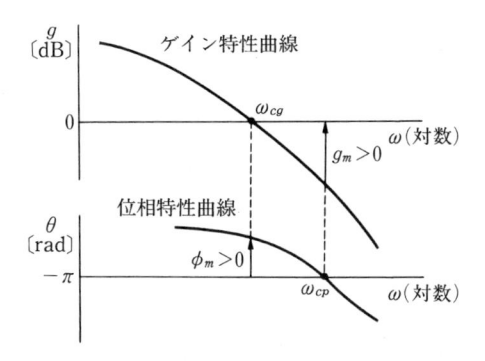

図7.8 ボード線図上の位相余裕とゲイン余裕

から，図 7.8 に示すように位相特性曲線が $-\pi$ になる周波数である。式 (7.1) より，この周波数におけるゲインの値を反対符号にしたものがゲイン余裕 g_m であることがわかる。位相交差角周波数 ω_{cp} を用いた式で表すとゲイン余裕は

$$g_m = -g(\omega_{cp}) \tag{7.3}$$

となる。

位相余裕，ゲイン余裕は経験的につぎの数値がよいとされている。

	位相余裕	ゲイン余裕
プロセス制御（定値制御）	20°以上	3〜10 dB
サーボ系（追値制御）	40〜60°	10〜20 dB

実際には制御対象の特性を正確に把握して数学モデルで表現することは困難であり，また，操業中においても操業条件や動作状態などの変化に伴ってその特性は変わる。そこで上述のように，制御対象の位相とゲインが多少数学モデルと違ってきてもフィードバック制御系が不安定とならないために，安定のための設計余裕を設けた。伝達関数や周波数応答においては，位相余裕とゲイン余裕を用いて安定度を議論するのが普通である。

状態方程式で制御対象の特性を表現する場合には位相余裕とゲイン余裕を直接持ち出すことはできない。ここでは，固有値の位置と安定性についてもう一度述べる。

システムの安定性については，4章で触れた。複素平面上において固有値の位置が左半平面であれば安定，右半平面ならば不安定，そして虚軸上は安定限界である。すなわち，固有値の実部の値で安定，不安定が決まる。安定領域内であっても安定限界である虚軸に近いと減衰が悪くなる。したがっていくぶん，虚軸から離れたところに位置するほうがいいといえる。例題 4.3 では，指定される減衰速度を満足する特性を持つための条件を数値例で解説している。減衰速度は固有値の実部の値で，また振動周期は固有値の虚部の値で決まる。固有値の位置と応答については図 4.6 に示した。

7.4 定常特性と定常偏差

　システムの過渡的な振舞いに関しては，3章のシステムの応答および4章のシステムの安定性において議論した。システムが安定であれば，目標値変化あるいは外乱印加によってフィードバック制御系が過渡応答したのち定常状態に達する。定常状態に達したときの目標値と制御量との差を定常偏差とよび，この定常偏差を調べることでフィードバック制御系の定常特性を評価する。

　図7.3に示すフィードバック制御系において，制御偏差$E(s)$を次式で定義する。

$$E(s) = R(s) - H(s)Y(s) \tag{7.4}$$

ここで$H(s)$は測定装置の特性を表しており，通常そのゲインは1である。外部入力信号である目標値$R(s)$から制御偏差$E(s)$までの伝達特性は

$$E(s) = \frac{1}{1+G(s)H(s)} R(s) \tag{7.5}$$

で表される。定常偏差$e(\infty)$は，ラプラスの最終値定理から次式を用いて求めることができる。

$$e(\infty) = \lim_{s \to 0} sE(s) \tag{7.6}$$

　さて，最初に，目標値が大きさRのステップ状変化した場合を考えよう。単位ステップ信号をラプラス変換すると$1/s$であるから

$$R(s) = \frac{R}{s} \tag{7.7}$$

とおける。よって，式(7.5)～(7.7)から，つぎのようになる。

$$\begin{aligned} e(\infty) &= \lim_{s \to 0} s \frac{1}{1+G(s)H(s)} R(s) \\ &= \lim_{s \to 0} \frac{R}{1+G(s)H(s)} \\ &= \frac{R}{1+\lim_{s \to 0} G(s)H(s)} \end{aligned} \tag{7.8}$$

式(7.8)の極限をとるにあたり，場合分けをする。

（ⅰ） $G(s)H(s)$ が $s=0$ に極をもたない場合：

$$G(s)H(s) = \frac{b_0 + b_1 s + b_2 s^2 + \cdots}{a_0 + a_1 s + a_2 s^2 + \cdots} \tag{7.9}$$

において $a_0 \neq 0$ の場合なので

$$\lim_{s \to 0} G(s)H(s) = \lim_{s \to 0} \frac{b_0 + b_1 s + b_2 s^2 + \cdots}{a_0 + a_1 s + a_2 s^2 + \cdots}$$

$$= K_p \tag{7.10}$$

となる。したがって，式(7.8)は，つぎのようになる。

$$e(\infty) = \frac{R}{1 + K_p} \tag{7.11}$$

（ⅱ） $G(s)H(s)$ が $s=0$ に極をもつ場合：

式(7.9)において $a_0 = 0$ の場合であるから

$$G(s)H(s) = \frac{b_0 + b_1 s + b_2 s^2 + \cdots}{s(a_1 + a_2 s + a_3 s^2 + \cdots)} \tag{7.12}$$

となる。ただし，$s=0$ における極零相殺を避けるために $b_0 \neq 0$，すなわち，有理関数 $G(s)H(s)$ は既約とする。このとき

$$\lim_{s \to 0} G(s)H(s) = \lim_{s \to 0} \frac{b_0 + b_1 s + b_2 s^2 + \cdots}{s(a_1 + a_2 s + a_3 s^2 + \cdots)}$$

$$= \infty \tag{7.13}$$

となるから

$$e(\infty) = 0 \tag{7.14}$$

を得る。

　式(7.10)で用いた K_p は有限値をとるので，式(7.11)から定常偏差 $e(\infty)$ は，ゼロとはならない。しかしながら，一巡伝達関数 $G(s)H(s)$ が積分要素をもつ場合は，ステップ状の目標値変化があっても，定常偏差ゼロで制御量を目標値に追従させることができる。

　$H(s)$ は測定装置の特性であって積分要素をもたないと仮定したから，上の場合分けは，前向き伝達関数 $G(s)$ が積分要素をもつかどうかの場合分けを扱ったことと等価である。さらに，この前向き伝達関数は図7.2に示したよう

に,制御対象およびそれと直列に結合された制御装置からなっている。したがって上記の考察は,制御対象に積分要素がない場合は,積分器を制御対象に直列に設置することで,ステップ状の目標値変化に追従できるフィードバック制御系を構成できることを示唆している。

つぎに,目標値のランプ状変化を考えよう。これは例えば,一定速度で移動している物体への追従を要求する場合がそうである。単位ランプ信号のラプラス変換は $1/s^2$ であるから

$$R(s) = \frac{R}{s^2} \tag{7.15}$$

として,定常偏差 $e(\infty)$ を計算すると

$$\begin{aligned} e(\infty) &= \lim_{s \to 0} s \frac{1}{1+G(s)H(s)} R(s) \\ &= \lim_{s \to 0} \frac{R}{s+sG(s)H(s)} \\ &= \frac{R}{0+\lim_{s \to 0} sG(s)H(s)} \end{aligned} \tag{7.16}$$

となる。先のステップ状変化のときと同じく,式(7.16)の極限をとるにあたり,つぎの三つに場合分けをする。

(ⅰ) $G(s)H(s)$ が $s=0$ に極をもたない場合:

式(7.9)で $a_0 \neq 0$ のときは

$$\begin{aligned} \lim_{s \to 0} sG(s)H(s) &= \lim_{s \to 0} \frac{s(b_0+b_1 s+b_2 s^2+\cdots)}{a_0+a_1 s+a_2 s^2+\cdots} \\ &= 0 \end{aligned} \tag{7.17}$$

となるから

$$\begin{aligned} e(\infty) &= \frac{R}{\lim_{s \to 0} sG(s)H(s)} \\ &= \infty \end{aligned} \tag{7.18}$$

となる。

(ⅱ) $G(s)H(s)$ が $s=0$ に極を一つもつ場合:

式(7.12)で $a_1 \neq 0$ かつ $b_0 \neq 0$ ならば

$$\lim_{s \to 0} sG(s)H(s) = \lim_{s \to 0} \frac{b_0 + b_1 s + b_2 s^2 + \cdots}{a_1 + a_2 s + a_3 s^2 + \cdots}$$
$$= K_p \tag{7.19}$$

となるから

$$e(\infty) = \frac{R}{\lim_{s \to 0} sG(s)H(s)}$$
$$= \frac{R}{K_p} \tag{7.20}$$

となる。

(iii) $G(s)H(s)$ が $s=0$ に極を二つ以上もつ場合：

式(7.9)において，$a_1 = a_2 = 0$ かつ $b_0 \neq 0$ であるから

$$G(s)H(s) = \frac{b_0 + b_1 s + b_2 s^2 + \cdots}{s^2(a_2 + a_3 s + a_4 s^2 + \cdots)} \tag{7.21}$$

とおくことができる。したがって

$$\lim_{s \to 0} sG(s)H(s) = \lim_{s \to 0} \frac{b_0 + b_1 s + b_2 s^2 + \cdots}{s(a_2 + a_3 s + a_4 s^2 + \cdots)}$$
$$= \infty \tag{7.22}$$

より

$$e(\infty) = \frac{R}{\lim_{s \to 0} sG(s)H(s)}$$
$$= 0 \tag{7.23}$$

が得られる。

一巡伝達関数 $G(s)H(s)$ が積分要素をもたない場合は，一定速度で移動している物体を追従しようとしても，時間とともにどんどんその差が開いていき，時間無限大での差 $e(\infty)$ は，無限大となる。積分要素を一つもつ場合は，定常偏差は有限の値となり，積分要素を二つ以上もつ場合は，定常偏差ゼロで追従することができる。

一巡伝達関数のもつ積分要素の数によって制御系を分類し，例えば積分要素を一つもつときを1形制御系と呼ぶことにして，目標値変化に対する0形，1形，2形制御系の応答波形例と定常偏差をまとめると表7.1のようになる。

7.4 定常特性と定常偏差

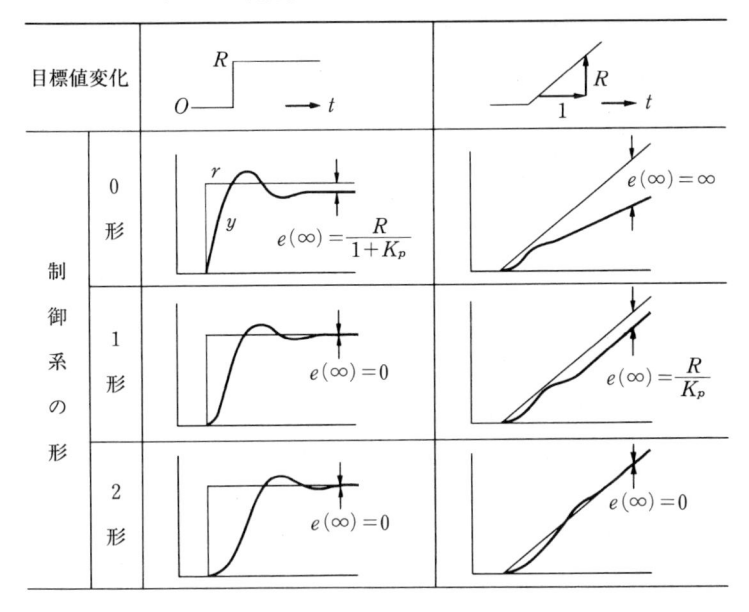

表 7.1 目標値に対する制御系の形と応答波形

目標値変化		ステップ状	ランプ状
制御系の形	0 形	$e(\infty) = \dfrac{R}{1+K_p}$	$e(\infty) = \infty$
	1 形	$e(\infty) = 0$	$e(\infty) = \dfrac{R}{K_p}$
	2 形	$e(\infty) = 0$	$e(\infty) = 0$

　ステップ状の目標値変化に対しては，1 形以上の制御系であれば定常偏差をゼロにすることができる。したがって，制御対象に直列に積分器を数個設置しておけば，ステップ状変化ばかりか，ランプ状（定速度）変化，パラボラ状（定加速度）変化，それ以上のより急しゅんな変化にも追従できることになる。しかしながら，余分な数の積分器を設置することは，制御装置に負担がかかるばかりでなく，速応性も劣化する。表 7.1 では，積分器の数が増えるにつれて応答波形における立上りが鈍っていく様子を極端に表現してみた。

　よって，目標値がステップ状に変化するときは積分器は一つ，ランプ状に変化するときは積分器二つ，パラボラ状に変化するときは，三つ設置するのが得策である。例えば，目標値がステップ状に変化するときは積分器を一つ用意しておけばよい。いつ，どんな大きさで目標値が変化するかの先見情報は必要ない。

　単位ステップ信号のラプラス変換は $1/s$ で，積分器も同じく $1/s$ である。また，単位ランプ信号のラプラス変換は $1/s^2$ で，積分器二つも同じく $1/s^2$ であ

る。さらには，パラボラ状においても，それぞれ $1/s^3$ と $1/s^3$ である。すなわち，外部入力信号の特性と同じ特性をもつモデルを制御装置に用意しておくと，外部入力信号が入力されたときに定常偏差をゼロにすることができる。これを内部モデル原理という。このことは，まったく知らない街でも，手元にその街の地図があれば迷わずに済むのに似ている。

演 習 問 題

〔1〕 一巡伝達関数 $G(s)H(s)$ が

$$G(s)H(s) = \frac{2s+5}{s^3+7s^2+18s+24}$$

で与えられている。目標値が大きさ 5 でステップ状に変化したときの定常偏差を計算せよ。

〔2〕 一巡伝達関数 $G(s)H(s)$ が

$$G(s)H(s) = \frac{K(s+8)}{(s+1)(s+2)(s+5)}$$

で与えられている。目標値が大きさ 2 でステップ状に変化したときの定常偏差を計算せよ。

〔3〕 一巡伝達関数 $G(s)H(s)$ が

$$G(s)H(s) = \frac{100(s+3)}{s(s+1)(s+2)(s+5)}$$

で与えられている。目標値が大きさ 2 でステップ状に変化したときの定常偏差を計算せよ。

〔4〕 上の三つの問題において，目標値が $2/s^2$ で変化したときの定常偏差を計算せよ。

8

極 配 置 法

4章において，システムの安定と不安定，低次系の時間応答波形を解説した後，固有値の位置と応答について議論した．これにより，固有値の複素平面上の位置と時間応答波形の関係が明らかとなった．本章では，閉ループ系の固有値を指定した位置に一つ一つ正確に配置するフィードバック制御系の設計法である極配置法の代表的な手法のいくつかを紹介する．

8.1 フィードバック係数ベクトル

制御対象は，1入力 n 次元定係数線形システム

$$\dot{x}(t) = Ax(t) + bu(t) \tag{8.1}$$

であり，状態変数 $x_1(t) \sim x_n(t)$ は直接観測が可能であるとする．このシステムに対して状態フィードバック制御

$$u(t) = -fx(t) \tag{8.2}$$

ただし，$f = [f_1 \ f_2 \ \cdots \ f_n]$ を施すことを考えてみる．制御則 式(8.2)を式(8.1)に代入すると閉ループ系は

$$\dot{x}(t) = (A - bf)x(t) \tag{8.3}$$

となり，また，その解は

$$x(t) = \exp(A-bf)t \cdot x(0) \qquad (8.4)$$

で与えられる．したがって，行列 $A-bf$ のすべての固有値を安定な固有値にすることができれば，閉ループ系は漸近安定となる．まずはフィードバック係数ベクトル f を力任せに解いてみよう．

例題 8.1 （直接法による極配置）制御対象を

$$\dot{x}(t) = \begin{bmatrix} -2 & 1 & 0 \\ 1 & -3 & 1 \\ 0 & 1 & -2 \end{bmatrix} x(t) + \begin{bmatrix} 1 \\ 0 \\ 0 \end{bmatrix} u(t) \qquad ①$$

とするとき，閉ループ系の固有値を -4 （3重極）とするフィードバック係数ベクトル f を求めよ．

解 フィードバック係数ベクトルを

$$f = [f_1 \quad f_2 \quad f_3] \qquad ②$$

とするとき

$$A = \begin{bmatrix} -2 & 1 & 0 \\ 1 & -3 & 1 \\ 0 & 1 & -2 \end{bmatrix}, \quad b = \begin{bmatrix} 1 \\ 0 \\ 0 \end{bmatrix} \qquad ③$$

であるから，閉ループ系のシステム行列 $A-bf$ はつぎのようになる．

$$\begin{aligned}
A - bf &= \begin{bmatrix} -2 & 1 & 0 \\ 1 & -3 & 1 \\ 0 & 1 & -2 \end{bmatrix} - \begin{bmatrix} 1 \\ 0 \\ 0 \end{bmatrix} [f_1 \quad f_2 \quad f_3] \\
&= \begin{bmatrix} -2 & 1 & 0 \\ 1 & -3 & 1 \\ 0 & 1 & -2 \end{bmatrix} - \begin{bmatrix} f_1 & f_2 & f_3 \\ 0 & 0 & 0 \\ 0 & 0 & 0 \end{bmatrix} \\
&= \begin{bmatrix} -2-f_1 & 1-f_2 & -f_3 \\ 1 & -3 & 1 \\ 0 & 1 & -2 \end{bmatrix}
\end{aligned} \qquad ④$$

したがって，閉ループ特性多項式は次式で求められる．

$$|sI - A + bf| = \begin{vmatrix} s+2+f_1 & -1+f_2 & f_3 \\ -1 & s+3 & -1 \\ 0 & -1 & s+2 \end{vmatrix}$$

8.1 フィードバック係数ベクトル

$$= (s+2+f_1)(s+3)(s+2) + f_3 - (s+2+f_1) + (s+2)(-1+f_2)$$
$$= s^3 + (f_1+7)s^2 + (5f_1+f_2+14)s + (5f_1+2f_2+f_3+8) \quad ⑤$$

固有値を -4（3重極）とする特性多項式は

$$(s+4)^3 = s^3 + 12s^2 + 48s + 64 \quad ⑥$$

であるから，式⑤，⑥の係数比較から，f_1, f_2, f_3 に関するつぎの連立方程式を導出することができる。

$$f_1 + 7 = 12 \quad ⑦$$
$$5f_1 + f_2 + 14 = 48 \quad ⑧$$
$$5f_1 + 2f_2 + f_3 + 8 = 64 \quad ⑨$$

式⑦より

$$f_1 = 12 - 7 = 5 \quad ⑩$$

式⑧より

$$f_2 = 48 - 5f_1 - 14$$
$$= 48 - 25 - 14$$
$$= 9 \quad ⑪$$

式⑨より

$$f_3 = 64 - 5f_1 - 2f_2 - 8$$
$$= 64 - 25 - 18 - 8$$
$$= 13 \quad ⑫$$

となるから，結局，フィードバック係数ベクトルはつぎのように求められた。

$$f = [f_1 \quad f_2 \quad f_3]$$
$$= [5 \quad 9 \quad 13] \quad ⑬$$

ここで，上と同じ方法で解く例題をもう一つ考える。

例題 8.2（直接法による極配置）制御対象を例題 5.3 と同じ

$$\dot{x}(t) = \begin{bmatrix} 0 & 1 \\ 2 & -1 \end{bmatrix} x(t) + \begin{bmatrix} -1 \\ 2 \end{bmatrix} u(t) \quad ①$$

とするとき，閉ループ系の固有値を $-2, -3$ とするフィードバック係数ベクトル f を求めよ。

解 フィードバック係数ベクトルを

$$f = [f_1 \quad f_2] \quad ②$$

とすれば，閉ループ系のシステム行列 $A - bf$ はつぎのようになる。

$$A - bf = \begin{bmatrix} 0 & 1 \\ 2 & -1 \end{bmatrix} - \begin{bmatrix} -1 \\ 2 \end{bmatrix} [f_1 \quad f_2]$$

$$= \begin{bmatrix} 0 & 1 \\ 2 & -1 \end{bmatrix} - \begin{bmatrix} -f_1 & -f_2 \\ 2f_1 & 2f_2 \end{bmatrix}$$

$$= \begin{bmatrix} f_1 & 1+f_2 \\ 2-2f_1 & -1-2f_2 \end{bmatrix} \tag{3}$$

したがって，閉ループ特性多項式は次式で求められる．

$$|sI-A+bf| = \begin{vmatrix} s-f_1 & -1-f_2 \\ -2+2f_1 & s+1+2f_2 \end{vmatrix}$$

$$= (s-f_1)(s+1+2f_2) - (-2+2f_1)(-1-f_2)$$

$$= s^2 + (1-f_1+2f_2)s + (-2+f_1-2f_2) \tag{4}$$

固有値を $-2, -3$ とする特性多項式は

$$(s+2)(s+3) = s^2 + 5s + 6 \tag{5}$$

であるから，式④，⑤の係数比較から，f_1, f_2 に関するつぎの連立方程式を導出することができる．

$$1 - f_1 + 2f_2 = 5 \tag{6}$$
$$-2 + f_1 - 2f_2 = 6 \tag{7}$$

式⑥は

$$f_1 - 2f_2 = -4 \tag{8}$$

式⑦は

$$f_1 - 2f_2 = 8 \tag{9}$$

となるから，この連立方程式の解は存在しない．

例題 8.1 で扱った制御対象は可制御であったが，例題 8.2 で用いた制御対象は，例題 5.3 で検討したように，可制御ではなかった．複素平面上の任意の位置に配置できるための必要十分条件は，システム式(8.1)が可制御であることである．このことは 8.3 節で述べることにして，次節では，座標変換によって可制御なシステムに対応する正準系に変換することを考えよう．

8.2 可制御正準形

1入力，1出力，n 次元定係数線形システム

$$\dot{x}(t) = Ax(t) + bu(t) \tag{8.5}$$

$$y(t) = cx(t) \tag{8.6}$$

8.2 可制御正準形

は，可制御であるとき，座標変換 $x(t) = Tz(t)$ による等価なシステムとしてつぎのものをもつ。

$$\dot{z}(t) = \tilde{A}z(t) + \tilde{b}u(t) \tag{8.7}$$

$$y(t) = \tilde{c}z(t) \tag{8.8}$$

$$\tilde{A} = T^{-1}AT = \begin{bmatrix} 0 & 1 & 0 & \cdots & 0 \\ 0 & 0 & 1 & & 0 \\ \vdots & & & \ddots & \\ 0 & 0 & 0 & & 1 \\ -a_0 & -a_1 & -a_2 & \cdots & -a_{n-1} \end{bmatrix} \tag{8.9}$$

$$\tilde{b} = T^{-1}b = \begin{bmatrix} 0 \\ 0 \\ \vdots \\ 0 \\ 1 \end{bmatrix} \tag{8.10}$$

$$\tilde{c} = cT = [\tilde{c}_1 \quad \tilde{c}_2 \quad \cdots \quad \tilde{c}_n] \tag{8.11}$$

このようなシステムを可制御正準形という。可制御正準形はつぎのようにして求めることができる。システム 式(8.5)，(8.6)は可制御であるから，可制御性行列

$$U_c = [b \quad Ab \quad A^2b \quad \cdots \quad A^{n-1}b] \tag{8.12}$$

は正則行列となる。そこでこの逆行列 U_c^{-1} の第 i 行のベクトルを e_i と定義して，第 n 行のベクトル e_n を用いて

$$T^{-1} = \begin{bmatrix} e_n \\ e_n A \\ e_n A^2 \\ \vdots \\ e_n A^{n-1} \end{bmatrix} \tag{8.13}$$

を構成する。一方，特性方程式

$$s^n + a_{n-1}s^{n-1} + \cdots + a_1 s + a_0 = 0 \tag{8.14}$$

にケーリー・ハミルトンの定理を適用すると

$$A^n + a_{n-1}A^{n-1} + \cdots + a_1 A + a_0 I = 0 \tag{8.15}$$

となるから

$$a_0 I + a_1 A + \cdots + a_{n-1}A^{n-1} = -A^n \tag{8.16}$$

が成り立つ。式(8.16)を以下の変形において用いる。座標変換して可制御正準形式になった式(8.9)の$\tilde{A}$と式(8.13)の座標変換行列T^{-1}を掛けると

$$
\begin{aligned}
\tilde{A}T^{-1} &= \begin{bmatrix} 0 & 1 & 0 & \cdots & 0 \\ 0 & 0 & 1 & & 0 \\ \vdots & & & \ddots & \\ -a_0 & -a_1 & & \cdots & -a_{n-1} \end{bmatrix} \begin{bmatrix} e_n \\ e_n A \\ e_n A^2 \\ \vdots \\ e_n A^{n-1} \end{bmatrix} \\
&= \begin{bmatrix} e_n A \\ e_n A^2 \\ \vdots \\ e_n A^{n-1} \\ -e_n(a_0 I + a_1 A + \cdots + a_{n-1} A^{n-1}) \end{bmatrix} \\
&= \begin{bmatrix} e_n \\ e_n A \\ e_n A^2 \\ \vdots \\ e_n A^{n-1} \end{bmatrix} A \\
&= T^{-1} A
\end{aligned}
\tag{8.17}
$$

のように変形できる。よって

$$\tilde{A}T^{-1} = T^{-1}A \tag{8.18}$$

が成立していることが確認できた。上式の両辺に右からTをかけて

$$\tilde{A} = T^{-1}AT \tag{8.19}$$

8.2 可制御正準形

を得る．すなわち，式(8.13)で定義される座標変換行列を用いて式(8.19)の座標変換を施すと，式(8.9)の形になることがわかった．

つぎに，$T^{-1}b$ を計算する．

$$T^{-1}b = \begin{bmatrix} e_n \\ e_n A \\ e_n A^2 \\ \vdots \\ e_n A^{n-1} \end{bmatrix} b$$

$$= \begin{bmatrix} e_n b \\ e_n A b \\ e_n A^2 b \\ \vdots \\ e_n A^{n-1} b \end{bmatrix} \tag{8.20}$$

上式において，e_n はサイズが $1 \times n$ の横ベクトル，b は $n \times 1$ の縦ベクトルであるから，それらの積 $e_n b$ はスカラとなる．同様に他の要素 $e_n A^i b$, $i=1,\cdots,n-1$ もスカラである．よって，各要素を転置しても同値であることから，上式はつぎのように変形することができる．

$$T^{-1}b = \begin{bmatrix} (e_n b)^T \\ (e_n A b)^T \\ (e_n A^2 b)^T \\ \vdots \\ (e_n A^{n-1} b)^T \end{bmatrix}$$

$$= \begin{bmatrix} (b)^T \\ (Ab)^T \\ (A^2 b)^T \\ \vdots \\ (A^{n-1} b)^T \end{bmatrix} e_n^T$$

$$= (e_n U_c)^T \tag{8.21}$$

また，先に U_c^{-1} の第 i 行のベクトルを e_i と定義したので，$U_c^{-1} U_c$ は，つぎのように表現することができる。

$$U_c^{-1} U_c = \begin{bmatrix} e_1 \\ e_2 \\ \vdots \\ e_n \end{bmatrix} U_c$$

$$= \begin{bmatrix} e_1 U_c \\ e_2 U_c \\ \vdots \\ e_n U_c \end{bmatrix} \tag{8.22}$$

U_c^{-1} と U_c の積は単位行列であることから，上式右辺の行列の第 n 行のベクトル $e_n U_c$ は，$n \times n$ のサイズの単位行列の第 n 行のベクトル，すなわち

$$e_n U_c = \begin{bmatrix} 0 & \cdots & 0 & 1 \end{bmatrix} \tag{8.23}$$

であることがわかる。したがって，式(8.21)は

$$T^{-1} b = \begin{bmatrix} 0 \\ \vdots \\ 0 \\ 1 \end{bmatrix} \tag{8.24}$$

となる。しかし，$\tilde{c} = cT$ は特別な形にはならない。

　以上のように，システム 式(8.5)，(8.6)が可制御であれば，座標変換によって可制御正準形にすることができる。システムをこのように表現することによって，システム内部の信号の流れが見やすくなり，種々の理論的な考察や設計が容易となる。

　例題 8.3 つぎのシステムの可制御正準形を求めよ。

$$\dot{x}(t) = \begin{bmatrix} -2 & 0 \\ 0 & -1 \end{bmatrix} x(t) + \begin{bmatrix} -1 \\ 1 \end{bmatrix} u(t) \qquad ①$$

8.2 可制御正準形

$$y(t) = [1 \quad 1]x(t) \qquad ②$$

解 まず,可制御性行列 式(8.12)を計算する。
$$U_c = [b \quad Ab]$$
$$= \begin{bmatrix} -1 & 2 \\ 1 & -1 \end{bmatrix} \qquad ③$$

この行列式は -1 であり,可制御である。可制御性行列の逆行列を求める。
$$U_c^{-1} = \begin{bmatrix} -1 & 2 \\ 1 & -1 \end{bmatrix}^{-1}$$
$$= \begin{bmatrix} 1 & 2 \\ 1 & 1 \end{bmatrix} \qquad ④$$

U_c^{-1} の最後の行のベクトル e_2 は
$$e_2 = [1 \quad 1] \qquad ⑤$$

となる。
$$A = \begin{bmatrix} -2 & 0 \\ 0 & -1 \end{bmatrix} \qquad ⑥$$

であるから,式(8.13)より,座標変換行列 T^{-1} は,つぎのように求められる。
$$T^{-1} = \begin{bmatrix} e_2 \\ e_2 A \end{bmatrix}$$
$$= \begin{bmatrix} 1 & 1 \\ -2 & -1 \end{bmatrix} \qquad ⑦$$

よって,行列 T は
$$T = \begin{bmatrix} 1 & 1 \\ -2 & -1 \end{bmatrix}^{-1}$$
$$= \begin{bmatrix} -1 & -1 \\ 2 & 1 \end{bmatrix} \qquad ⑧$$

となる。$\tilde{A} = T^{-1}AT,\ \tilde{b} = T^{-1}b,\ \tilde{c} = cT$ を計算すると
$$\tilde{A} = T^{-1}AT$$
$$= \begin{bmatrix} 1 & 1 \\ -2 & -1 \end{bmatrix}\begin{bmatrix} -2 & 0 \\ 0 & -1 \end{bmatrix}\begin{bmatrix} -1 & -1 \\ 2 & 1 \end{bmatrix}$$
$$= \begin{bmatrix} -2 & -1 \\ 4 & 1 \end{bmatrix}\begin{bmatrix} -1 & -1 \\ 2 & 1 \end{bmatrix}$$
$$= \begin{bmatrix} 0 & 1 \\ -2 & -3 \end{bmatrix} \qquad ⑨$$
$$\tilde{b} = T^{-1}b$$

$$= \begin{bmatrix} 1 & 1 \\ -2 & -1 \end{bmatrix} \begin{bmatrix} -1 \\ 1 \end{bmatrix}$$

$$= \begin{bmatrix} 0 \\ 1 \end{bmatrix} \qquad \text{⑩}$$

$$\tilde{c} = cT$$

$$= \begin{bmatrix} 1 & 1 \end{bmatrix} \begin{bmatrix} -1 & -1 \\ 2 & 1 \end{bmatrix}$$

$$= \begin{bmatrix} 1 & 0 \end{bmatrix} \qquad \text{⑪}$$

と求められるので，システム 式①の可制御正準形は，以下のようになる．

$$\dot{z}(t) = \begin{bmatrix} 0 & 1 \\ -2 & -3 \end{bmatrix} z(t) + \begin{bmatrix} 0 \\ 1 \end{bmatrix} u(t) \qquad \text{⑫}$$

$$y(t) = \begin{bmatrix} 1 & 0 \end{bmatrix} z(t) \qquad \text{⑬}$$

8.3　可制御正準形による極配置

　本節ではまず，フィードバック係数ベクトル f によって行列 $A-bf$ の固有値を複素平面上の任意の位置に設定することができるかどうかを以下において検討する．

　(A, b) が可制御対であると仮定する．このときは前節で示したように座標変換

$$x(t) = Tz(t) \qquad (8.25)$$

によってシステム 式(8.1)はつぎの可制御正準形に変換できる．

$$\dot{z}(t) = \begin{bmatrix} 0 & 1 & 0 & \cdots & 0 \\ 0 & 0 & 1 & & 0 \\ \vdots & & & \ddots & \\ 0 & 0 & 0 & & 1 \\ -a_0 & -a_1 & -a_2 & \cdots & -a_{n-1} \end{bmatrix} z(t) + \begin{bmatrix} 0 \\ 0 \\ \vdots \\ 0 \\ 1 \end{bmatrix} u(t) \qquad (8.26)$$

閉ループ系 式(8.3)の特性多項式は $|sI-A+bf|$ であるが，これは座標変換行列 T を用いてつぎのように変形できる．

8.3 可制御正準形による極配置

$$\begin{aligned}|sI-A+bf| &= |T^{-1}T||sI-A+bf| \\ &= |T^{-1}||sI-A+bf||T| \\ &= |sI-T^{-1}AT+T^{-1}bfT| \\ &= |sI-\tilde{A}+\tilde{b}fT| \end{aligned} \qquad (8.27)$$

また，状態フィードバック制御 式(8.2)は座標変換 $x(t)=Tz(t)$ により

$$\begin{aligned}u(t) &= -fx(t) \\ &= -fTz(t) \\ &= -\tilde{f}z(t) \end{aligned} \qquad (8.28)$$

となる。ただし $\tilde{f}$ は状態変数を $z(t)$ とする可制御正準形におけるフィードバック係数ベクトルである。したがって，式(8.27)，(8.28)から

$$|sI-A+bf|=|sI-\tilde{A}+\tilde{b}\tilde{f}| \qquad (8.29)$$

$$f=\tilde{f}T^{-1} \qquad (8.30)$$

が成り立っていることがわかる。式(8.29)は，座標変換をしても閉ループ特性多項式は不変であることを示している。したがって，閉ループ系の固有値は不変で，応答特性も変わらない。また，式(8.30)は，可制御正準形において閉ループ系の固有値を指定された位置に配置するフィードバック係数ベクトル $\tilde{f}$ から，$x(t)$ を状態変数とするフィードバック係数ベクトル f を求める方法を示している。

さて，フィードバック係数ベクトル $\tilde{f}$ を

$$\tilde{f}=[\tilde{f}_1 \quad \tilde{f}_2 \quad \cdots \quad \tilde{f}_n] \qquad (8.31)$$

とおき，可制御正準形の閉ループ特性多項式を計算するとつぎのようになる。

$$\begin{aligned}&|sI-\tilde{A}+\tilde{b}\tilde{f}| \\ &= \left| sI - \begin{bmatrix} 0 & 1 & 0 & \cdots & 0 \\ 0 & 0 & 1 & & 0 \\ \vdots & & & \ddots & \\ 0 & 0 & 0 & & 1 \\ -a_0 & -a_1 & -a_2 & \cdots & -a_{n-1} \end{bmatrix} + \begin{bmatrix} 0 \\ 0 \\ \vdots \\ 0 \\ 1 \end{bmatrix} [\tilde{f}_1 \quad \tilde{f}_2 \quad \cdots \quad \tilde{f}_n] \right|\end{aligned}$$

$$= \left| sI - \begin{bmatrix} 0 & 1 & 0 & \cdots & 0 \\ 0 & 0 & 1 & & 0 \\ \vdots & & & \ddots & \\ 0 & 0 & 0 & & 1 \\ -a_0-\tilde{f}_1 & -a_1-\tilde{f}_2 & -a_2-\tilde{f}_3 & \cdots & -a_{n-1}-\tilde{f}_n \end{bmatrix} \right|$$

$$= \begin{vmatrix} s & -1 & 0 & \cdots & 0 \\ 0 & s & -1 & & 0 \\ \vdots & & & \ddots & \\ 0 & 0 & 0 & & -1 \\ a_0+\tilde{f}_1 & a_1+\tilde{f}_2 & a_2+\tilde{f}_3 & \cdots & s+a_{n-1}+\tilde{f}_n \end{vmatrix}$$

$$= s^n + (a_{n-1}+\tilde{f}_n)s^{n-1} + \cdots + (a_2+\tilde{f}_3)s^2 + (a_1+\tilde{f}_2)s$$
$$+ (a_0+\tilde{f}_1) \tag{8.32}$$

これが,指定したい閉ループ特性多項式になればよい。

固有値の位置と応答特性の関係から,指定したい閉ループ系の固有値 $\mu_1, \mu_2,$ $\cdots, \mu_n$ を与える。複素固有値を指定する場合はそれと共役な固有値も同時に指定するとフィードバック係数ベクトル f は実数となる。これより,指定したい閉ループ特性多項式がつぎのように決まる。

$$(s-\mu_1)(s-\mu_2)\cdots(s-\mu_n) = s^n + d_{n-1}s^{n-1} + \cdots + d_2s^2 + d_1s + d_0 \tag{8.33}$$

したがって,式(8.32)と式(8.33)の係数比較より

$$a_i + \tilde{f}_{i+1} = d_i, \quad i = 0, \cdots, n-1 \tag{8.34}$$

であるから

$$\tilde{f}_{i+1} = d_i - a_i, \quad i = 0, \cdots, n-1 \tag{8.35}$$

に決定すればよいことになる。$x(t)$ を状態変数とする所望のフィードバック係数ベクトル f は式(8.30)から

$$f = [\tilde{f}_1 \ \tilde{f}_2 \ \cdots \ \tilde{f}_n] T^{-1} \tag{8.36}$$

と計算される。

8.3 可制御正準形による極配置

以上，システム 式(8.1)が可制御ならば，閉ループ系の固有値を任意の位置に配置することができ，それを実現するフィードバック係数ベクトル f の求め方を示した．またこの逆も示すことができる．$A-bf$ の固有値を複素平面上の任意の位置に配置するフィードバック係数ベクトル f が存在するための必要十分条件は，(A, b) が可制御であることである．

例題 8.4 （可制御正準形による極配置）制御対象

$$\dot{x}(t) = \begin{bmatrix} -2 & 1 & 0 \\ 1 & -3 & 1 \\ 0 & 1 & -2 \end{bmatrix} x(t) + \begin{bmatrix} 1 \\ 0 \\ 0 \end{bmatrix} u(t) \quad ①$$

に対し，可制御正準形式に変換したのち，閉ループ系の固有値を -4（3重極）とするフィードバック制御系を構成せよ．

解 可制御正準形式に変換するための行列を求めるために，まず可制御性行列 U_c を計算する．

$$U_c = \begin{bmatrix} b & Ab & A^2b \end{bmatrix}$$
$$= \begin{bmatrix} 1 & -2 & 5 \\ 0 & 1 & -5 \\ 0 & 0 & 1 \end{bmatrix} \quad ②$$

$|U_c| = 1 \neq 0$ なので，このシステムは可制御であり，閉ループ系の固有値を任意の値に設定することができる．可制御性行列②の逆行列は

$$U_c^{-1} = \begin{bmatrix} 1 & -2 & 5 \\ 0 & 1 & -5 \\ 0 & 0 & 1 \end{bmatrix}^{-1}$$
$$= \begin{bmatrix} 1 & 2 & 5 \\ 0 & 1 & 5 \\ 0 & 0 & 1 \end{bmatrix} \quad ③$$

となり，最後の行のベクトルは $e_3 = (0\ 0\ 1)$ であることがわかる．よって，式(8.13)の T^{-1} は

$$T^{-1} = \begin{bmatrix} e_3 \\ e_3 A \\ e_3 A^2 \end{bmatrix}$$

$$= \begin{bmatrix} 0 & 0 & 1 \\ 0 & 1 & -2 \\ 1 & -5 & 5 \end{bmatrix} \tag{4}$$

と求められ，また，その逆行列を計算すると

$$T = \begin{bmatrix} 5 & 5 & 1 \\ 2 & 1 & 0 \\ 1 & 0 & 0 \end{bmatrix} \tag{5}$$

になる．式(8.9)と式(8.10)の可制御正準形式はつぎのようになる．

$$\tilde{A} = T^{-1}AT$$

$$= \begin{bmatrix} 0 & 0 & 1 \\ 0 & 1 & -2 \\ 1 & -5 & 5 \end{bmatrix} \begin{bmatrix} -2 & 1 & 0 \\ 1 & -3 & 1 \\ 0 & 1 & -2 \end{bmatrix} \begin{bmatrix} 5 & 5 & 1 \\ 2 & 1 & 0 \\ 1 & 0 & 0 \end{bmatrix}$$

$$= \begin{bmatrix} 0 & 1 & 0 \\ 0 & 0 & 1 \\ -8 & -14 & -7 \end{bmatrix} \tag{6}$$

$$\tilde{b} = T^{-1}b = \begin{bmatrix} 0 \\ 0 \\ 1 \end{bmatrix} \tag{7}$$

これより，式(8.35)の a_0, a_1, a_2 は，$a_0=8$, $a_1=14$, $a_2=7$ であることがわかる．一方，固有値を-4（3重極）とする閉ループ特性多項式は

$$(s-\mu_1)(s-\mu_2)\cdots(s-\mu_n) = (s+4)^3$$
$$= s^3 + 12s^2 + 48s + 64 \tag{8}$$

となるので，同じく式(8.35)の d_0, d_1, d_2 は，$d_0=64$, $d_1=48$, $d_2=12$ であることがわかる．

フィードバック係数ベクトル$\tilde{f}$は，式(8.31)，(8.35)から

$$\begin{aligned} \tilde{f} &= [\tilde{f}_1 \quad \tilde{f}_2 \quad \tilde{f}_3] \\ &= [d_0-a_0 \quad d_1-a_1 \quad d_2-a_2] \\ &= [64-8 \quad 48-14 \quad 12-7] \\ &= [56 \quad 34 \quad 5] \end{aligned} \tag{9}$$

と求められる．よって，$x(t)$を状態変数とする所望のフィードバック係数ベクトルfは，式(8.36)を用いて

$$f = \tilde{f}T^{-1}$$

$$= [56 \quad 34 \quad 5] \begin{bmatrix} 0 & 0 & 1 \\ 0 & 1 & -2 \\ 1 & -5 & 5 \end{bmatrix}$$

$$= [5 \quad 9 \quad 13] \qquad \qquad ⑩$$

と求めることができた。

8.4 アッカーマン法による極配置

本節では，アッカーマン法による極配置を紹介する。制御対象は

$$\dot{x}(t) = Ax(t) + bu(t) \qquad (8.1\,再掲)$$

で表され，可制御であるとする。

式(8.33)で与えた所望の閉ループ特性多項式をつぎのように関数 $P(s)$ で表す。

$$P(s) = (s - \mu_1)(s - \mu_2) \cdots (s - \mu_n)$$
$$= s^n + d_{n-1} s^{n-1} + \cdots + d_2 s^2 + d_1 s + d_0 \qquad (8.37)$$

上式の s を式(8.1) のシステム行列 A で置き換えた関数として，次式で与えられる $P(A)$ を考える。

$$P(A) = (A - \mu_1 I)(A - \mu_2 I) \cdots (A - \mu_n I)$$
$$= A^n + d_{n-1} A^{n-1} + \cdots + d_2 A^2 + d_1 A + d_0 I \qquad (8.38)$$

このとき，指定の位置に閉ループ系の固有値を配置するフィードバック係数ベクトル f は，つぎのように与えられる。

$$f = [0 \quad \cdots \quad 0 \quad 1] U_c^{-1} P(A) \qquad (8.39)$$

ただし，U_c は可制御性行列である。以下において，式(8.39)を導く。

制御対象 式(8.1)は，座標変換

$$x(t) = Tz(t) \qquad (8.25\,再掲)$$

によって可制御正準形

$$\dot{z}(t) = \tilde{A} z(t) + \tilde{b} u(t) \qquad (8.7\,再掲)$$

$$\tilde{A} = T^{-1} A T \qquad (8.19\,再掲)$$

$$\tilde{b} = T^{-1}b \tag{8.40}$$

に変換することができる。このとき，式(8.2)の状態フィードバック制御

$$u(t) = -fx(t) \tag{8.2 再掲}$$

は，状態変数$z(t)$を用いて

$$u(t) = -\tilde{f}z(t) \tag{8.41}$$

となることから，フィードバック係数ベクトル間に

$$f = \tilde{f}T^{-1} \tag{8.30 再掲}$$

の関係がある。このような座標変換によってシステムの固有値，特性方程式は不変であり，システム行列Aから導かれる特性方程式(8.14)は，システム行列$\tilde{A}$から導かれる特性方程式でもある。したがってケーリー・ハミルトンの定理を適用すると

$$\tilde{A}^n + a_{n-1}\tilde{A}^{n-1} + \cdots + a_2\tilde{A}^2 + a_1\tilde{A} + a_0 I = 0 \tag{8.42}$$

が成り立つ。ここで，式(8.37)で与えた所望の閉ループ特性多項式$P(s)$から，つぎの$P(\tilde{A})$を考える。

$$P(\tilde{A}) = \tilde{A}^n + d_{n-1}\tilde{A}^{n-1} + \cdots + d_2\tilde{A}^2 + d_1\tilde{A} + d_0 I \tag{8.43}$$

式(8.43)の右辺から式(8.42)を引くと，つぎのようになる。

$$P(\tilde{A}) = (d_{n-1} - a_{n-1})\tilde{A}^{n-1} + \cdots + (d_2 - a_2)\tilde{A}^2 + (d_1 - a_1)\tilde{A} + (d_0 - a_0)I \tag{8.44}$$

さて，基底ベクトル$\varepsilon_1 = [1\ 0\ \cdots\ 0]$，$\varepsilon_2 = [0\ 1\ 0\ \cdots\ 0]$，$\cdots$，$\varepsilon_n = [0\ \cdots\ 0\ 1]$と$\tilde{A}$との間には

$$\begin{aligned}
\varepsilon_1 \tilde{A} &= [1\ 0\ \cdots\ 0] \begin{bmatrix} 0 & 1 & 0 & \cdots & 0 \\ 0 & 0 & 1 & & 0 \\ \vdots & & & \ddots & \\ 0 & 0 & 0 & & 1 \\ -a_0 & -a_1 & -a_2 & \cdots & -a_{n-1} \end{bmatrix} \\
&= [0\ 1\ 0\ \cdots\ 0] \\
&= \varepsilon_2
\end{aligned} \tag{8.45}$$

8.4 アッカーマン法による極配置

がまず成立し，この結果を用いて

$$\varepsilon_1 \tilde{A}^2 = (\varepsilon_1 \tilde{A}) \tilde{A}$$
$$= \varepsilon_2 \tilde{A}$$
$$= \begin{bmatrix} 0 & 1 & 0 & \cdots & 0 \end{bmatrix} \begin{bmatrix} 0 & 1 & 0 & \cdots & 0 \\ 0 & 0 & 1 & & 0 \\ \vdots & & & \ddots & \\ 0 & 0 & 0 & & 1 \\ -a_0 & -a_1 & -a_2 & \cdots & -a_{n-1} \end{bmatrix}$$
$$= \begin{bmatrix} 0 & 0 & 1 & 0 & \cdots & 0 \end{bmatrix}$$
$$= \varepsilon_3 \tag{8.46}$$

の成立が示され，以下同様にして

$$\varepsilon_1 \tilde{A}^{i-1} = \varepsilon_i, \quad i=2,\cdots,n \tag{8.47}$$

であることが示される。そこで，式(8.44)の両辺に左からベクトル ε_1 を掛けて，式(8.47)を使うとつぎのようになる。

$$\varepsilon_1 P(\tilde{A}) = (d_{n-1} - a_{n-1})\varepsilon_1 \tilde{A}^{n-1} + \cdots + (d_2 - a_2)\varepsilon_1 \tilde{A}^2 + (d_1 - a_1)\varepsilon_1 \tilde{A}$$
$$+ (d_0 - a_0)\varepsilon_1 I$$
$$= (d_{n-1} - a_{n-1})\varepsilon_n + \cdots + (d_2 - a_2)\varepsilon_3 + (d_1 - a_1)\varepsilon_2 + (d_0 - a_0)\varepsilon_1$$
$$= \begin{bmatrix} (d_0 - a_0) & (d_1 - a_1) & \cdots & (d_{n-1} - a_{n-1}) \end{bmatrix} \tag{8.48}$$

さらに，上式に，式(8.35)と式(8.30)を代入すると

$$\varepsilon_1 P(\tilde{A}) = \begin{bmatrix} \tilde{f}_1 & \tilde{f}_2 & \cdots & \tilde{f}_n \end{bmatrix}$$
$$= \tilde{f}$$
$$= fT \tag{8.49}$$

であることがわかる。

また，式(8.43)は式(8.19)，(8.38)より

$$P(\tilde{A}) = (T^{-1}AT)^n + d_{n-1}(T^{-1}AT)^{n-1} + \cdots + d_2(T^{-1}AT)^2$$
$$+ d_1(T^{-1}AT) + d_0 I$$
$$= T^{-1}A^n T + d_{n-1}T^{-1}A^{n-1}T + \cdots + d_2 T^{-1}A^2 T + d_1 T^{-1}AT + d_0 I$$

$$= T^{-1}(A^n + d_{n-1}A^{n-1} + \cdots + d_2 A^2 + d_1 A + d_0 I)\, T$$
$$= T^{-1} P(A)\, T \qquad (8.50)$$

なので,式(8.49)と式(8.50)から

$$fT = \varepsilon_1 P(\tilde{A})$$
$$= \varepsilon_1 T^{-1} P(A)\, T \qquad (8.51)$$

となり,求めるフィードバック係数ベクトル f は,つぎのようになる。

$$f = \varepsilon_1 T^{-1} P(A) \qquad (8.52)$$

上式には可制御正準形に変換するための座標変換行列 T の逆行列 T^{-1} の計算が残っている。T^{-1} は,式(8.13)で計算することもできるが,$\varepsilon_1 T^{-1}$ ならばもう少しだけ効率よく求めることができる。以下,それを示す。

$$T^{-1} = \begin{bmatrix} e_n \\ e_n A \\ e_n A^2 \\ \vdots \\ e_n A^{n-1} \end{bmatrix} \qquad (8.13\,\text{再掲})$$

であるから,$\varepsilon_1 T^{-1}$ はつぎのようになる。

$$\varepsilon_1 T^{-1} = \begin{bmatrix} 1 & 0 & \cdots & 0 \end{bmatrix} \begin{bmatrix} e_n \\ e_n A \\ e_n A^2 \\ \vdots \\ e_n A^{n-1} \end{bmatrix}$$
$$= e_n \qquad (8.53)$$

e_n は,可制御性行列の逆行列 U_c^{-1} の第 n 行のベクトルであった。これを基底ベクトルを用いた式で書くと

$$e_n = \varepsilon_n U_c^{-1} \qquad (8.54)$$

であるから,結局,式(8.52),(8.53),(8.54)より,フィードバック係数ベクトル f は,つぎの式で計算できる。

8.4 アッカーマン法による極配置

$$f = \varepsilon_n U_c^{-1} P(A)$$
$$= [0 \ \cdots \ 0 \ 1] U_c^{-1} P(A) \tag{8.55}$$

このように，アッカーマン法によれば，可制御正準形をまったく意識しないで極配置を実現することができる．

例題 8.5 （アッカーマン法による極配置）制御対象はいままでと同じで

$$\dot{x}(t) = \begin{bmatrix} -2 & 1 & 0 \\ 1 & -3 & 1 \\ 0 & 1 & -2 \end{bmatrix} x(t) + \begin{bmatrix} 1 \\ 0 \\ 0 \end{bmatrix} u(t) \quad ①$$

である．閉ループ系の固有値を-4（3重極）とするフィードバック制御系を構成せよ．

解 まず，可制御性行列 U_c を計算する．

$$U_c = [b \ Ab \ A^2 b]$$
$$= \begin{bmatrix} 1 & -2 & 5 \\ 0 & 1 & -5 \\ 0 & 0 & 1 \end{bmatrix} \quad ②$$

可制御性行列②の逆行列は

$$U_c^{-1} = \begin{bmatrix} 1 & 2 & 5 \\ 0 & 1 & 5 \\ 0 & 0 & 1 \end{bmatrix} \quad ③$$

となる．つぎに閉ループ系の特性多項式(8.37)を考えると，固有値を-4（3重極）としたいので

$$P(s) = (s - \mu_1)(s - \mu_2) \cdots (s - \mu_n)$$
$$= (s + 4)^3 \quad ④$$

となり，式(8.38)はつぎのようになる．

$$P(A) = (A + 4I)^3$$
$$= \left[\begin{bmatrix} -2 & 1 & 0 \\ 1 & -3 & 1 \\ 0 & 1 & -2 \end{bmatrix} + \begin{bmatrix} 4 & 0 & 0 \\ 0 & 4 & 0 \\ 0 & 0 & 4 \end{bmatrix} \right]^3$$
$$= \begin{bmatrix} 2 & 1 & 0 \\ 1 & 1 & 1 \\ 0 & 1 & 2 \end{bmatrix}^3$$

$$= \begin{bmatrix} 5 & 3 & 1 \\ 3 & 3 & 3 \\ 1 & 3 & 5 \end{bmatrix} \begin{bmatrix} 2 & 1 & 0 \\ 1 & 1 & 1 \\ 0 & 1 & 2 \end{bmatrix}$$

$$= \begin{bmatrix} 13 & 9 & 5 \\ 9 & 9 & 9 \\ 5 & 9 & 13 \end{bmatrix} \tag{5}$$

よって式(8.55)よりフィードバック係数ベクトル f は, 次式で得られる。

$$f = \begin{bmatrix} 0 & 0 & 1 \end{bmatrix} \begin{bmatrix} 1 & 2 & 5 \\ 0 & 1 & 5 \\ 0 & 0 & 1 \end{bmatrix} \begin{bmatrix} 13 & 9 & 5 \\ 9 & 9 & 9 \\ 5 & 9 & 13 \end{bmatrix}$$

$$= \begin{bmatrix} 0 & 0 & 1 \end{bmatrix} \begin{bmatrix} 13 & 9 & 5 \\ 9 & 9 & 9 \\ 5 & 9 & 13 \end{bmatrix}$$

$$= \begin{bmatrix} 5 & 9 & 13 \end{bmatrix} \tag{6}$$

これは, 例題8.4の結果と同じである。

演 習 問 題

〔1〕 つぎの2次元のシステムを制御対象とするとき, 閉ループ系の固有値を $-0.3 \pm j0.2$ とする状態フィードバック係数ベクトル f を, 直接法およびアッカーマン法により求めよ。

$$\dot{x}(t) = \begin{bmatrix} 1 & 0.4 \\ 0 & 0.6 \end{bmatrix} x(t) + \begin{bmatrix} 0.1 \\ 0.4 \end{bmatrix} u(t)$$

〔2〕 上と同じ設計問題を, 可制御正準形に変換してから極配置する方法で解け。

〔3〕 つぎの3次元の制御対象

$$\dot{x}(t) = \begin{bmatrix} -1 & 1 & 0 \\ 0 & 0 & 1 \\ 0 & -1 & 0 \end{bmatrix} x(t) + \begin{bmatrix} 0 \\ 0 \\ 1 \end{bmatrix} u(t)$$

の閉ループ系の固有値を $-2, -1 \pm j$ とする状態フィードバック係数ベクトル f を可制御正準形に変換してから極配置する方法で求めよ。

最適レギュレータ

　極配置法を用いると減衰特性，速応性など閉ループ系の動特性を直接指定できるが，極度に大きな操作量を必要としたり，制御対象のパラメータ変化に敏感になったりする可能性がある．この解決法の一つに2次形式評価関数によるフィードバック制御がある．指標として，閉ループ制御系の応答の速さと操作量の大きさとの間で妥協をはかるための2次形式評価関数を導入する．これを最小にする制御を最適レギュレータ，あるいは評価関数を最適化するという意味で最適制御という．

9.1　評価関数と最適制御

　制御対象は，入力 m，出力 r，n 次元定係数線形システム

$$\dot{x}(t) = Ax(t) + Bu(t) \tag{9.1}$$

$$y(t) = Cx(t) \tag{9.2}$$

であり，状態変数 $x_1(t) \sim x_n(t)$ は直接観測が可能であるとする．この制御対象においてスカラの評価関数

$$J = \frac{1}{2} x^T(t_1) M x(t_1) + \frac{1}{2} \int_0^{t_1} \{x^T(t) Q x(t) + u^T(t) R u(t)\} dt \tag{9.3}$$

を最小にする操作量 $u(t)$ を求めてみよう．ただし，制御対象は可制御，

M, Q は $n\times n$ 半正定対称行列, R は $m\times m$ 正定対称行列とする。この2次形式評価関数の最適制御問題は, 線形システム理論の最も標準的な問題の一つとして知られている。

評価関数 式(9.3)を最小にする最適操作量は

$$u(t) = -R^{-1}B^T P(t) x(t) \tag{9.4}$$

の状態フィードバックとなる。ここで $P(t)$ はリカッチ微分方程式

$$\dot{P}(t) = -A^T P(t) - P(t) A + P(t) B R^{-1} B^T P(t) - Q \tag{9.5}$$

$$P(t_1) = M \tag{9.6}$$

を満たす解である。このとき, 評価関数 J の最小値は次式で与えられる。

$$J_{\min} = \frac{1}{2} x^T(0) P(0) x(0) \tag{9.7}$$

以下において, 式(9.4)〜(9.7)を導く。まず, 任意の対称行列 $P(t)$ と式(9.1)の解である $x(t)$ についてつぎの式を考える。

$$\int_0^{t_1} \frac{d}{dt} [x^T(t) P(t) x(t)] dt \tag{9.8}$$

式(9.8)は

$$\int_0^{t_1} \frac{d}{dt} [x^T(t) P(t) x(t)] dt = x^T(t_1) P(t_1) x(t_1) - x^T(0) P(0) x(0) \tag{9.9}$$

であるが, $x(t)$ が式(9.1)の解であるから

$$\begin{aligned}
&\int_0^{t_1} \frac{d}{dt} [x^T(t) P(t) x(t)] dt \\
&= \int_0^{t_1} [\dot{x}^T(t) P(t) x(t) + x^T(t) \dot{P}(t) x(t) + x^T(t) P(t) \dot{x}(t)] dt \\
&= \int_0^{t_1} \{[Ax(t) + Bu(t)]^T P(t) x(t) + x^T(t) \dot{P}(t) x(t) \\
&\quad + x^T(t) P(t) [Ax(t) + Bu(t)]\} dt \\
&= \int_0^{t_1} \{x^T(t) [A^T P(t) + P(t) A + \dot{P}(t)] x(t) \\
&\quad + u^T(t) B^T P(t) x(t) + x^T(t) P(t) Bu(t)\} dt \tag{9.10}
\end{aligned}$$

が成り立つ。よって, 式(9.9)と式(9.10)の右辺どうしを等しくおくことに

9.1 評価関数と最適制御

より

$$-x^T(t_1)P(t_1)x(t_1)+x^T(0)P(0)x(0)$$
$$+\int_0^{t_1}\{x^T(t)[A^TP(t)+P(t)A+\dot{P}(t)]x(t)$$
$$+u^T(t)B^TP(t)x(t)+x^T(t)P(t)Bu(t)\}dt$$
$$=0 \qquad (9.11)$$

が，任意の行列 $P(t)$ について成立することがわかる．そこで，$P(t)$ が式 (9.5)，(9.6) を満たすものとして，上式 (9.11) の 1/2 倍を式 (9.3) に加える．

$$J=\frac{1}{2}x^T(t_1)Mx(t_1)-\frac{1}{2}x^T(t_1)P(t_1)x(t_1)+\frac{1}{2}x^T(0)P(0)x(0)$$
$$+\frac{1}{2}\int_0^{t_1}\{x^T(t)[Q+A^TP(t)+P(t)A+\dot{P}(t)]x(t)$$
$$+u^T(t)B^TP(t)x(t)+x^T(t)P(t)Bu(t)+u^T(t)Ru(t)\}dt$$
$$=\frac{1}{2}x^T(0)P(0)x(0)$$
$$+\frac{1}{2}\int_0^{t_1}\{x^T(t)[Q+A^TP(t)+P(t)A-P(t)BR^{-1}B^TP(t)+\dot{P}(t)]x(t)$$
$$+[u(t)+R^{-1}B^TP(t)x(t)]^TR[u(t)+R^{-1}B^TP(t)x(t)]\}dt$$
$$=\frac{1}{2}x^T(0)P(0)x(0)$$
$$+\frac{1}{2}\int_0^{t_1}\{[u(t)+R^{-1}B^TP(t)x(t)]^TR[u(t)+R^{-1}B^TP(t)x(t)]\}dt$$
$$\qquad (9.12)$$

上式において，R は正定対称行列なので，$u(t)$ が式 (9.4) を満たすとき，評価関数 J は最小値 式 (9.7) となり，逆もまた成り立つ．

以下においては，$t_1\to\infty$ とする．すなわち評価関数は

$$J=\frac{1}{2}\int_0^{\infty}\{x^T(t)Qx(t)+u^T(t)Ru(t)\}dt \qquad (9.13)$$

であり，これを最小にする最適制御を扱う．このとき，式 (9.5)，(9.6) で $t_1\to\infty$ とした解 $P(t)$ は M と無関係に一定値 P に収束し，P は定常のリカッ

チ代数方程式

$$A^T P + PA + Q - PBR^{-1}B^T P = 0 \qquad (9.14)$$

を満たす。評価関数 式(9.13)を最小にする最適操作量は，方程式(9.14)を満たす正定対称な解を用いて，定係数の状態フィードバック

$$\begin{aligned} u(t) &= -R^{-1}B^T P x(t) \\ &= -Fx(t) \end{aligned} \qquad (9.15)$$

ただし，$F = R^{-1}B^T P$ で与えられる。

9.2 重み行列と正定，半正定

評価関数 式(9.13)は，過渡応答を評価するものであり，その評価関数を最小にするという意味において最適制御を実現した。応答面積を評価するにあたり，図9.1に示すように，2乗面積を採用することで後の計算を楽にしていることが大きな特徴である。

ここで，重み行列の働きについて少し考えてみよう。評価関数 式(9.13)に

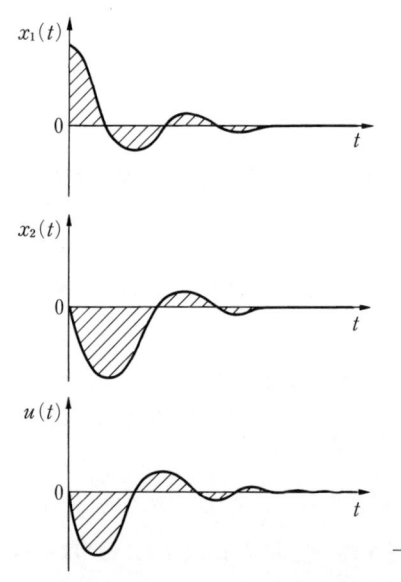

図9.1 過渡応答例

9.2 重み行列と正定,半正定

おいて,$x(t)$は2次元,$u(t)$はスカラであるとする.このとき例えば,重み行列 Q を対角行列,その対角要素を $q_1 \geq 0$, $q_2 \geq 0$ とし,また $r>0$ とすれば

$$J = \frac{1}{2}\int_0^\infty \{q_1 x_1^2(t) + q_2 x_2^2(t) + ru^2(t)\}dt \tag{9.16}$$

で表される.

いま,設計者が $q_1=1$, $q_2=1$, $r=1$ と選定して評価関数 式(9.16)を最小にする状態フィードバック制御を求めたとする.つぎに,重み係数を $q_1=20$, $q_2=1$, $r=1$ と選定したとすれば,評価関数 J に対する $\int_0^\infty x_1^2(t)\,dt$ の影響は他に比べ 20 倍になる.この新しい評価関数を用いて制御系を設計すれば,最初の設計の場合より $\int_0^\infty x_1^2(t)\,dt$ の値が小さくなるであろう.同様に,$q_1=1$, $q_2=1$, $r=20$ と選定して制御系を設計すれば,最初の設計の場合より $\int_0^\infty u^2(t)\,dt$ の値が小さくなる.すなわち,ある状態量や操作量の過渡応答の振れ幅を小さく,収束速度を速くしたい場合には,それに対応する重み係数の値を大きく選定すればよいことがわかる.

前節の評価関数の定式化において Q は半正定対称行列,R は正定対称行列とした.そこで,正定,半正定について簡単に述べる.変数 $x_1, x_2, \cdots, x_n$ についての2次のべき関数 $\sum_i \sum_j a_{ij} x_i x_j$ を2次形式といい,対称行列 A を用いて $x^T A x$ と書くことができる.ゼロでないすべてのベクトル x を $\forall x \neq 0$ で表すとき,2次形式の正定,半正定などはつぎのとおりである.

$x^T A x > 0$, $\forall x \neq 0$ のとき,正定であるという

$x^T A x \geq 0$, $\forall x \neq 0$ のとき,半正定(準正定)であるという

$x^T A x < 0$, $\forall x \neq 0$ のとき,負定であるという

対称行列 A については,その2次形式 $x^T A x$ が正定であるとき,行列 A を正定行列であるといい,$A>0$ と書く.

$x^T A x$ が正定のとき,A を正定行列($A>0$)という

$x^T A x$ が半正定のとき,A を半正定行列($A \geq 0$)という

$x^T A x$ が負定のとき,A を負定行列($A<0$)という

対称行列の固有値はすべて実数であるから

$$A>0 \leftrightarrow \lambda_i(A)>0, \ {}^\forall i$$
$$A\geq 0 \leftrightarrow \lambda_i(A)\geq 0, \ {}^\forall i$$
$$A<0 \leftrightarrow \lambda_i(A)<0, \ {}^\forall i$$

が成り立つ．上の関係は，行列 A が正定行列かどうか判定する方法として用いられるが，ほかに，つぎに述べるシルベスターの判定条件がある．

$A>0$ であるための必要十分条件は，そのすべての首座小行列式が正となることである．すなわち

$$a_{11}>0, \ \begin{vmatrix} a_{11} & a_{12} \\ a_{21} & a_{22} \end{vmatrix}>0, \ \begin{vmatrix} a_{11} & a_{12} & a_{13} \\ a_{21} & a_{22} & a_{23} \\ a_{31} & a_{32} & a_{33} \end{vmatrix}>0, \ \cdots, \ |A|>0 \qquad (9.17)$$

である．また，式(9.17)を

$$\det A \begin{pmatrix} 1 & 2 & \cdots & r \\ 1 & 2 & \cdots & r \end{pmatrix} > 0, \qquad r=1,2,\cdots,n \qquad (9.18)$$

と記述することにすれば，$A\geq 0$ であるための必要十分条件は，そのすべての主小行列式が非負となること，すなわち

$$\det A \begin{pmatrix} i_1 & i_2 & \cdots & i_r \\ i_1 & i_2 & \cdots & i_r \end{pmatrix} \geq 0, \qquad \begin{matrix} 1\leq i_1<i_2<\cdots<i_r\leq n \\ r=1,2,\cdots,n \end{matrix} \qquad (9.19)$$

が成立することである．

ここで，しばしば誤って適用されているのは半正定の判定法である．これは，単に式(9.18)の >0 を ≥ 0 に置き換えたものではない．例えば

$$A = \begin{bmatrix} 0 & 0 \\ 0 & -1 \end{bmatrix}$$

については，$a_{11}\geq 0$, $\det A\geq 0$ で，式(9.18)の >0 を ≥ 0 に置き換えたものを満足している．しかし，$x^T A x = -x_2^2 \leq 0$ となり，A は明らかに半正定行列ではない．

例題 9.1 つぎの行列が正定行列かどうか調べよ．

$$A = \begin{bmatrix} 4 & -2 & 3 \\ -2 & 2 & 0 \\ 3 & 0 & 7 \end{bmatrix} \qquad ①$$

解 まず，$x^T A x > 0$ ($^\forall x \neq 0$) となっているかどうかを調べる。

$$x^T A x = \begin{bmatrix} x_1 & x_2 & x_3 \end{bmatrix} \begin{bmatrix} 4 & -2 & 3 \\ -2 & 2 & 0 \\ 3 & 0 & 7 \end{bmatrix} \begin{bmatrix} x_1 \\ x_2 \\ x_3 \end{bmatrix}$$

$$= \begin{bmatrix} x_1 & x_2 & x_3 \end{bmatrix} \begin{bmatrix} 4x_1 - 2x_2 + 3x_3 \\ -2x_1 + 2x_2 \\ 3x_1 + 7x_3 \end{bmatrix}$$

$$= x_1(4x_1 - 2x_2 + 3x_3) + x_2(-2x_1 + 2x_2) + x_3(3x_1 + 7x_3)$$

$$= 4x_1^2 - 4x_1 x_2 + 2x_2^2 + 6x_1 x_3 + 7x_3^2$$

$$= 2(x_1 - x_2)^2 + 2\left(x_1 + \frac{3}{2}x_3\right)^2 + \frac{5}{2}x_3^2 \qquad ②$$

本式がゼロとなるのは，$x_1 = x_2 = x_3 = 0$，すなわち $x = 0$ 以外にない。よって，$x^T A x > 0$ ($^\forall x \neq 0$) となっているので，A は正定行列である。

つぎに，固有値を計算してみる。

$$|sI - A| = \begin{vmatrix} s-4 & 2 & -3 \\ 2 & s-2 & 0 \\ -3 & 0 & s-7 \end{vmatrix}$$

$$= (s-4)(s-2)(s-7) - 9(s-2) - 4(s-7)$$

$$= (s-4)(s^2 - 9s + 14) - 9s + 18 - 4s + 28$$

$$= s^3 - 13s^2 + 37s - 10 \qquad ③$$

$s^3 - 13s^2 + 37s - 10 = 0$ の解は，9.022, 3.677, 0.302 となり，すべて正である。よって，A は正定行列である。

最後に，シルベスターの判定条件で調べよう。首座小行列式は，サイズの小さい順につぎのように求められる。

$$4 > 0, \quad \begin{vmatrix} 4 & -2 \\ -2 & 2 \end{vmatrix} = 8 - 4 = 4 > 0$$

$$\begin{vmatrix} 4 & -2 & 3 \\ -2 & 2 & 0 \\ 3 & 0 & 7 \end{vmatrix} = 56 - 18 - 28 = 10 > 0$$

したがって，A は正定行列である。

9.3 制御系の安定性

制御対象 式(9.1)に制御則 式(9.15)を施して閉ループ系を構成すると，その動特性は

$$\dot{x}(t) = (A - BR^{-1}B^T P) x(t)$$
$$= (A - BF) x(t) \qquad (9.20)$$

となり，固有値は Q と R から自動的に決定されてしまう．そこで，この式(9.20)で記述されるシステムが安定になるための条件を以下において論ずる．

リカッチ代数方程式(9.14)において Q を移項し，両辺から $PBR^{-1}B^T P$ を引くと

$$A^T P - PBR^{-1}B^T P + PA - PBR^{-1}B^T P$$
$$= -Q - PBR^{-1}RR^{-1}B^T P \qquad (9.21)$$

になり，$F = R^{-1}B^T P$ を代入すると

$$A^T P - F^T B^T P + PA - PBF = -Q - F^T RF \qquad (9.22)$$

となる．左辺は閉ループ系のシステム行列 ($A - BF$) を用いた形にまとめることができ

$$(A - BF)^T P + P(A - BF) = -Q - F^T RF \qquad (9.23)$$

となる．上式はリアプノフ方程式と呼ばれる．リアプノフ方程式(9.23)において，右辺が負定のとき，正定対称な唯一解 P が存在することと，システム式(9.20)が漸近安定（行列 $A - BF$ のすべての固有値の実部が負）であることとが等価であることが知られている．これをリアプノフの安定定理という．

リカッチ代数方程式(9.14)は，(A, B) が可制御，Q が半正定行列，R が正定行列のとき半正定対称な解 P をもつが，特に Q が正定行列の場合は正定唯一解 P をもつ．したがってリアプノフの安定定理から閉ループ系は漸近安定であることがわかる．Q が半正定行列の場合は，解 P が正定になるとは限らず閉ループ制御系の漸近安定は保証されない．しかしながら，$Q = \Omega^T \Omega$ と表したとき (Ω, A) が可観測ならば，半正定な解 P は正定な解以外になく，かつ

唯一に定まり，閉ループ系は漸近安定となる．

9.4 リカッチ方程式の解法

リカッチ代数方程式(9.14)を解く方法には，いくつかある．ここでは，代表的な三つの方法を紹介する．

〔**1**〕 **リカッチ微分方程式の定常解として得る方法** 有限時間の評価関数から導き出されるリカッチ微分方程式

$$-\dot{P}(t) = A^T P(t) + P(t)A + Q - P(t)BR^{-1}B^T P(t) \qquad (9.24)$$

を終端条件 $P(t_1)=0$ から出発して逆時間方向に計算する．解は単調に増加しかつ有界なので，ある定常の値 $P(-\infty)$ に収束する．すなわち，上式の左辺＝0とする代数方程式(9.14)の解を得る．しかし，収束するまでに膨大な計算量を必要とし，得策とはいえない．

〔**2**〕 **クラインマンの方法** リアプノフ方程式を繰り返し解くことによってリカッチ代数方程式の解を求める方法で，つぎの三つのステップからなる．

[Step 1] $A-BF_i$ が漸近安定な行列となるように $F_i=F_1$ を選ぶ．

[Step 2] 次式のリアプノフ方程式の正定解 P_i を求める．

$$(A-BF_i)^T P_i + P_i(A-BF_i) = -Q - F_i^T R F_i \qquad (9.25)$$

[Step 3] $F_{i+1} = R^{-1} B^T P_i$ として，Step 1 へ戻る．

繰返し計算によって P_i は，リカッチ代数方程式の正定解に収束する．A がもともと漸近安定な行列ならば，$F_1=0$ でよいが，そうでない場合には，$A-BF_1$ が漸近安定な行列となるように F_1 を選ぶ必要があり，システムの次数が高いときは，かなり難しくなる．

つぎのステップで計算される解は

$$(A-BF_{i+1})^T P_{i+1} + P_{i+1}(A-BF_{i+1}) = -Q - F_{i+1}^T R F_{i+1} \qquad (9.26)$$

から求められ，$A-BF_{i+1}$ が漸近安定ならば，正定な P_{i+1} が決定できる．ここで，繰返し計算によって P_i がどのように変わっていくかを調べてみること

で，唯一な正定解に収束することを示そう．まず，$F_{i+1}=R^{-1}B^TP_i$ であることから

$$F_i^TRF_{i+1}=F_i^TRR^{-1}B^TP_i$$
$$=F_i^TB^TP_i \qquad (9.27)$$

および，この転置である

$$F_{i+1}^TRF_i=P_iBF_i \qquad (9.28)$$

が成立することがわかる．そこで，式(9.25)の右辺の項を左辺に移項したのち，解 P_i のままで，F_i に [Step 3] で求めた F_{i+1} を代入し，つぎのように変形する．

$$(A-BF_{i+1})^TP_i+P_i(A-BF_{i+1})+Q+F_{i+1}^TRF_{i+1}$$
$$=A^TP_i-F_{i+1}^TB^TP_i+P_iA-P_iBF_{i+1}+Q+F_{i+1}^TRF_{i+1}$$
$$=A^TP_i-F_{i+1}^TB^TP_i+P_iA+Q$$
$$\quad+F_i^TRF_{i+1}-F_i^TB^TP_i+F_{i+1}^TRF_i-P_iBF_i+F_i^TRF_i-F_i^TRF_i$$
$$=A^TP_i-F_i^TB^TP_i+P_iA-P_iBF_i+Q+F_i^TRF_i$$
$$\quad-F_i^TRF_i+F_i^TRF_{i+1}+F_{i+1}^TRF_i-F_{i+1}^TB^TP_i$$
$$=(A-BF_i)^TP_i+P_i(A-BF_i)+Q+F_i^TRF_i$$
$$\quad-(F_i-F_{i+1})^TR(F_i-F_{i+1}) \qquad (9.29)$$

上式右辺に式(9.25)を代入すると

$$(A-BF_{i+1})^TP_i+P_i(A-BF_{i+1})$$
$$=-Q-F_{i+1}^TRF_{i+1}-(F_i-F_{i+1})^TR(F_i-F_{i+1}) \qquad (9.30)$$

となる．したがって，P_i が正定であれば，$A-BF_{i+1}$ は漸近安定である．式(9.30)から式(9.26)を辺々引くと

$$(A-BF_{i+1})^T(P_i-P_{i+1})+(P_i-P_{i+1})(A-BF_{i+1})$$
$$=-(F_i-F_{i+1})^TR(F_i-F_{i+1}) \qquad (9.31)$$

となるから，$(F_i-F_{i+1})^TR(F_i-F_{i+1})\geqq0$ より，$P_i-P_{i+1}\geqq0$ である．したがって，P_i は正定で単調非増加であり，$i\to\infty$ で極限が存在する．

　この方法は，次元 n が大きく，かつ，多入力の場合，$A-BF_1$ が漸近安定な行列となるように F_1 を選ぶことが難しく，加えて，リアプノフ方程式

(9.25)を繰り返し解くことも時間を要する。最近では，つぎに紹介する方法が最も推奨されている。

〔3〕 **有本-ポッターの提案する固有値・固有ベクトルに基づく方法** つぎのハミルトン行列を考える。

$$H = \begin{bmatrix} A & -BR^{-1}B^T \\ -Q & -A^T \end{bmatrix} \tag{9.32}$$

式(9.32)で定義したハミルトン行列 H は，$2n \times 2n$ 正方行列なので，$2n$ 個の固有値とそれに対応する $2n$ 本の $2n$ 次元固有ベクトルをもつ。まず，ハミルトン行列 H の固有値は図 9.2 のように複素平面上において実軸および虚軸に関して対称に分布していることを示そう。

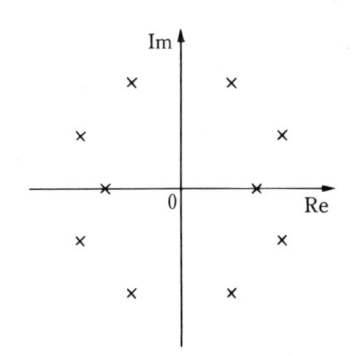

図9.2 ハミルトン行列 H の固有値

H の固有値の一つを λ_i とし，これに対応する $2n$ 次元の固有ベクトルを w_i と記述するとき，固有値と固有ベクトル間につぎの関係式が成り立つ。

$$\lambda_i w_i = H w_i, \quad i = 1, \cdots, 2n \tag{9.33}$$

固有ベクトル w_i を2個の n 次元ベクトルに分けて表す。すなわち

$$\lambda_i \begin{bmatrix} v_i \\ u_i \end{bmatrix} = H \begin{bmatrix} v_i \\ u_i \end{bmatrix}, \quad i = 1, \cdots, 2n \tag{9.34}$$

とし，上式の右辺 H に式(9.32)を代入して2本の式で書くと

$$\lambda_i v_i = A v_i - BR^{-1}B^T u_i, \quad i = 1, \cdots, 2n \tag{9.35}$$

$$\lambda_i u_i = -Q v_i - A^T u_i, \quad i = 1, \cdots, 2n \tag{9.36}$$

になる。これらを再び式(9.34)に近い形で表現するとつぎのように書くことができる。

$$-\lambda_i \begin{bmatrix} -u_i \\ v_i \end{bmatrix} = \begin{bmatrix} A^T & -Q \\ -BR^{-1}B^T & -A \end{bmatrix} \begin{bmatrix} -u_i \\ v_i \end{bmatrix}$$

$$= H^T \begin{bmatrix} -u_i \\ v_i \end{bmatrix}, \quad i=1,\cdots,2n \tag{9.37}$$

転置行列の固有値と元の行列の固有値は同じ,すなわち $\lambda_i(H) = \lambda_i(H^T)$ なので,式(9.37)は,λ_i が H の固有値であれば,$-\lambda_i$ も H の固有値であることを表している。また,実数行列の固有値は実数あるいは共役複素数となることから,ハミルトン行列 H の固有値は複素平面上において実軸および虚軸に関して対称に分布していることがわかる。

後で示すように,ハミルトン行列 H は純虚数の固有値をもたない。したがって,実部が負の安定な固有値 n 個と実部が正の不安定な固有値 n 個をもっていることになる。H の固有値のうち,実部が負の固有値を $\lambda_1, \lambda_2, \cdots, \lambda_n$ とし,それに対応する固有ベクトルを式(9.34)と同じく

$$w_i = \begin{bmatrix} v_i \\ u_i \end{bmatrix}, \quad i=1,\cdots,n \tag{9.38}$$

で表すとき,リカッチ代数方程式の正定解 P は

$$P = [u_1 \quad u_2 \quad \cdots \quad u_n][v_1 \quad v_2 \quad \cdots \quad v_n]^{-1} \tag{9.39}$$

で与えられる。

以下において,式(9.39)を導く。閉ループ制御系 式(9.20)は漸近安定である。その n 個の固有値を $\lambda_1, \lambda_2, \cdots, \lambda_n$ とし,これに対応する固有ベクトルを $v_1, v_2, \cdots, v_n$ とする。このとき,固有値と固有ベクトルの間につぎの式が成り立っている。

$$(A - BR^{-1}B^T P)v_i = \lambda_i v_i$$

$$\therefore (\lambda_i I - A + BR^{-1}B^T P)v_i = 0, \quad i=1,\cdots,n \tag{9.40}$$

さて,リカッチ代数方程式

9.4 リカッチ方程式の解法

$$A^T P + PA + Q - PBR^{-1}B^T P = 0 \qquad (9.14\,再掲)$$

は，つぎのように書くこともできる。

$$(sI + A^T)P - P(sI - A + BR^{-1}B^T P) + Q = 0 \qquad (9.41)$$

上式において $s = \lambda_i$, $i = 1, \cdots, n$ とし，右から v_i を掛けて式(9.40)を代入すると

$$(\lambda_i I + A^T)Pv_i + Qv_i = 0, \qquad i = 1, \cdots, n \qquad (9.42)$$

となる。結局，リカッチ代数方程式(9.14)を解く問題は，式(9.40)と式(9.42)を連立して P を求める問題に変換された。両式はつぎのようにまとめることができる。

$$\begin{bmatrix} A & -BR^{-1}B^T \\ -Q & -A^T \end{bmatrix} \begin{bmatrix} v_i \\ Pv_i \end{bmatrix} = \lambda_i \begin{bmatrix} v_i \\ Pv_i \end{bmatrix}, \qquad i = 1, \cdots, n \qquad (9.43)$$

$$\therefore H \begin{bmatrix} v_i \\ Pv_i \end{bmatrix} = \lambda_i \begin{bmatrix} v_i \\ Pv_i \end{bmatrix}, \qquad i = 1, \cdots, n \qquad (9.44)$$

λ_i, $i = 1, \cdots, n$ は閉ループ系 式(9.20)の固有値であるから，式(9.44)は，ハミルトン行列 H の $2n$ 個の固有値のうちの半分にあたる n 個の安定な固有値は閉ループ系の固有値であることを示している。ここで，閉ループ系は漸近安定なのですべての固有値の実部は負である。したがって，H は純虚数すなわち複素平面上において虚軸上に存在する固有値をもたない。また，式(9.44)は，H の n 個の安定な固有値 λ_i, $i = 1, \cdots, n$ に対する固有ベクトルが

$$w_i = \begin{bmatrix} v_i \\ Pv_i \end{bmatrix}, \qquad i = 1, \cdots, n \qquad (9.45)$$

であることを物語っている。式(9.38)と式(9.45)より次式が成立する。

$$Pv_1 = u_1$$
$$Pv_2 = u_2$$
$$\cdots$$
$$Pv_n = u_n \qquad (9.46)$$

これをまとめるとつぎのように書くことができる。

$$P[v_1 \quad v_2 \quad \cdots \quad v_n] = [u_1 \quad u_2 \quad \cdots \quad u_n] \quad (9.47)$$

よってリカッチ代数方程式(9.14)の正定解 P は，ハミルトン行列 式(9.32)の安定な固有値に対応する固有ベクトル 式(9.38)を用いて式(9.39)で得ることができる．

例題 9.2 制御対象

$$\dot{x}(t) = \begin{bmatrix} 0 & 1 \\ 0 & -1 \end{bmatrix} x(t) + \begin{bmatrix} 0 \\ 1 \end{bmatrix} u(t) \quad ①$$

に対し，つぎの評価関数を最小にする最適レギュレータを設計せよ．

$$J = \frac{1}{2} \int_0^\infty \left\{ x^T(t) \begin{bmatrix} 1 & 0 \\ 0 & 1 \end{bmatrix} x(t) + u^2(t) \right\} dt \quad ②$$

解 式(9.14)のリカッチ代数方程式は

$$A = \begin{bmatrix} 0 & 1 \\ 0 & -1 \end{bmatrix}, \quad B = \begin{bmatrix} 0 \\ 1 \end{bmatrix}, \quad Q = \begin{bmatrix} 1 & 0 \\ 0 & 1 \end{bmatrix}, \quad r = 1 \quad ③$$

より，つぎのようになる．

$$\begin{bmatrix} 0 & 0 \\ 1 & -1 \end{bmatrix} P + P \begin{bmatrix} 0 & 1 \\ 0 & -1 \end{bmatrix} + \begin{bmatrix} 1 & 0 \\ 0 & 1 \end{bmatrix} - P \begin{bmatrix} 0 \\ 1 \end{bmatrix} 1 [0 \quad 1] P = 0 \quad ④$$

ここでは，有本-ポッターの方法で解を求めてみよう．

ハミルトン行列 式(9.32)は

$$H = \begin{bmatrix} A & -b\frac{1}{r}b^T \\ -Q & -A^T \end{bmatrix}$$

$$= \begin{bmatrix} 0 & 1 & 0 & 0 \\ 0 & -1 & 0 & -1 \\ -1 & 0 & 0 & 0 \\ 0 & -1 & -1 & 1 \end{bmatrix} \quad ⑤$$

となる．まず，この行列の固有値を計算する．

$$|sI - H| = \begin{vmatrix} s & -1 & 0 & 0 \\ 0 & s+1 & 0 & 1 \\ 1 & 0 & s & 0 \\ 0 & 1 & 1 & s-1 \end{vmatrix}$$

9.4 リカッチ方程式の解法

$$= s\begin{vmatrix} s+1 & 0 & 1 \\ 0 & s & 0 \\ 1 & 1 & s-1 \end{vmatrix} + 1\begin{vmatrix} 0 & 0 & 1 \\ 1 & s & 0 \\ 0 & 1 & s-1 \end{vmatrix}$$

$$= s\{(s+1)s(s-1)-s\}+1$$

$$= s^4 - 2s^2 + 1 \qquad \text{⑥}$$

$|sI-H|=0$ から

$$s^4 - 2s^2 + 1 = 0$$

$$\therefore (s+1)^2(s-1)^2 = 0 \qquad \text{⑦}$$

よって，ハミルトン行列 H の固有値は，$\lambda_1=\lambda_2=-1$, $\lambda_3=\lambda_4=1$ となっている。

つぎに，安定な固有値 $\lambda_1=-1$ に対する固有ベクトル w_1 を求めよう。$(\lambda_1 I - H)w_1=0$ から

$$\left\{\begin{bmatrix} -1 & 0 & 0 & 0 \\ 0 & -1 & 0 & 0 \\ 0 & 0 & -1 & 0 \\ 0 & 0 & 0 & -1 \end{bmatrix} - \begin{bmatrix} 0 & 1 & 0 & 0 \\ 0 & -1 & 0 & -1 \\ -1 & 0 & 0 & 0 \\ 0 & -1 & -1 & 1 \end{bmatrix}\right\} w_1 = 0$$

$$\begin{bmatrix} -1 & -1 & 0 & 0 \\ 0 & 0 & 0 & 1 \\ 1 & 0 & -1 & 0 \\ 0 & 1 & 1 & -2 \end{bmatrix} \begin{bmatrix} w_{11} \\ w_{12} \\ w_{13} \\ w_{14} \end{bmatrix} = 0 \qquad \text{⑧}$$

すなわち，固有ベクトル w_1 の要素 w_{11}, w_{12}, w_{13}, w_{14} は次式を満足しなくてはならない。

$$-w_{11}-w_{12}=0$$
$$w_{14}=0$$
$$w_{11}-w_{13}=0 \qquad \text{⑨}$$
$$w_{12}+w_{13}-2w_{14}=0$$

w_1 は唯一に定めることはできない。そこで第1要素を1とすると，$w_1=[1\ -1\ 1\ 0]^T$ となる。H の安定な固有値 λ_1 と λ_2 は重根である。λ_2 に対する固有ベクトル w_2 は，いま求めた w_1 を使って

$$(\lambda_2 I - H)w_2 = -w_1 \qquad \text{⑩}$$

を満足するベクトル w_2 として求めることができる。上式は，w_2 の要素 w_{21}, w_{22}, w_{23}, w_{24} を用いて

$$\begin{bmatrix} -1 & -1 & 0 & 0 \\ 0 & 0 & 0 & 1 \\ 1 & 0 & -1 & 0 \\ 0 & 1 & 1 & -2 \end{bmatrix} \begin{bmatrix} w_{21} \\ w_{22} \\ w_{23} \\ w_{24} \end{bmatrix} = \begin{bmatrix} -1 \\ 1 \\ -1 \\ 0 \end{bmatrix} \qquad ⑪$$

となり

$$\begin{aligned} &-w_{21}-w_{22}=-1 \\ &w_{24}=1 \\ &w_{21}-w_{23}=-1 \\ &w_{22}+w_{23}-2w_{24}=0 \end{aligned} \qquad ⑫$$

を満足するもとのして,$w_2=[0\ 1\ 1\ 1]^T$があげられる. よって, 式(9.38)のw_1とw_2は, つぎのように求められた.

$$w_1 = \begin{bmatrix} v_1 \\ u_1 \end{bmatrix} = \begin{bmatrix} 1 \\ -1 \\ 1 \\ 0 \end{bmatrix} \qquad ⑬$$

$$w_2 = \begin{bmatrix} v_2 \\ u_2 \end{bmatrix} = \begin{bmatrix} 0 \\ 1 \\ 1 \\ 1 \end{bmatrix} \qquad ⑭$$

リカッチ代数方程式④の正定解Pは, 式(9.39)より

$$\begin{aligned} P &= [u_1 \ u_2][v_1 \ v_2]^{-1} \\ &= \begin{bmatrix} 1 & 1 \\ 0 & 1 \end{bmatrix} \begin{bmatrix} 1 & 0 \\ -1 & 1 \end{bmatrix}^{-1} \\ &= \begin{bmatrix} 1 & 1 \\ 0 & 1 \end{bmatrix} \begin{bmatrix} 1 & 0 \\ 1 & 1 \end{bmatrix} \\ &= \begin{bmatrix} 2 & 1 \\ 1 & 1 \end{bmatrix} \end{aligned} \qquad ⑮$$

となる. フィードバック係数は

$$\begin{aligned} f &= \frac{1}{r} b^T P \\ &= [0\ 1] \begin{bmatrix} 2 & 1 \\ 1 & 1 \end{bmatrix} \\ &= [1\ 1] \end{aligned} \qquad ⑯$$

と得られ, 閉ループ系は次式となる.

$$\dot{x}(t) = \left\{ \begin{bmatrix} 0 & 1 \\ 0 & -1 \end{bmatrix} - \begin{bmatrix} 0 \\ 1 \end{bmatrix} [1 \quad 1] \right\} x(t)$$

$$= \begin{bmatrix} 0 & 1 \\ -1 & -2 \end{bmatrix} x(t) \tag{⑰}$$

固有値は-1の重根で，閉ループ系は漸近安定である。

9.5　周波数領域における解析

　本節では，最適レギュレータの周波数領域での特徴を論じよう。ここでの議論は1入力系だけに限ることにする。制御対象は可制御なシステム

$$\dot{x}(t) = Ax(t) + bu(t) \tag{9.48}$$

であり，評価関数は次式で与えられているとする。

$$J = \frac{1}{2} \int_0^\infty \{x^T(t) \Omega^T \Omega x(t) + ru^2(t)\} dt \tag{9.49}$$

評価関数　式(9.49)を最小にする最適制御は状態フィードバック制御

$$u(t) = -fx(t) \tag{9.50}$$

$$f = \frac{1}{r} b^T P \tag{9.51}$$

であり，制御系の構造は図9.3のようになっている。ここでvは外部入力でゼロとしている。式(9.51)のPはリカッチ代数方程式

$$A^T P + PA + \Omega^T \Omega - Pb \frac{1}{r} b^T P = 0 \tag{9.52}$$

の解である。上式にsを複素パラメータとして$sP - sP = 0$を加えると

$$P(sI - A) - (sI + A^T)P + f^T rf = \Omega^T \Omega \tag{9.53}$$

となる。この両辺に右から$(sI-A)^{-1}b$，左から$-b^T(sI+A^T)^{-1}$を掛けると

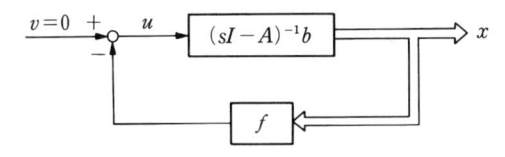

図9.3　状態フィードバック制御系のブロック線図

$$b^T(-sI-A^T)^{-1}Pb + b^T P(sI-A)^{-1}b$$
$$+ b^T(-sI-A^T)^{-1}f^T rf(sI-A)^{-1}b$$
$$= b^T(-sI-A^T)^{-1}\Omega^T \Omega(sI-A)^{-1}b \tag{9.54}$$

となる。式(9.51)から，$b^T P = rf$ および $Pb = f^T r$ なので，式(9.54)はつぎのように書き表すことができる。

$$b^T(-sI-A^T)^{-1}f^T r + rf(sI-A)^{-1}b$$
$$+ b^T(-sI-A^T)^{-1}f^T rf(sI-A)^{-1}b$$
$$= b^T(-sI-A^T)^{-1}\Omega^T \Omega(sI-A)^{-1}b \tag{9.55}$$

さらに，両辺に r を加えて整理すると

$$[1+f(-sI-A)^{-1}b]^T r[1+f(sI-A)^{-1}b]$$
$$= r + b^T(-sI-A^T)^{-1}\Omega^T \Omega(sI-A)^{-1}b \tag{9.56}$$

$$\therefore [1+L(-s)]^T[1+L(s)] = 1 + \frac{1}{r}\|\Omega(sI-A)^{-1}b\|^2 \tag{9.57}$$

を得る。ただし

$$L(s) = f(sI-A)^{-1}b \tag{9.58}$$

は，一巡伝達関数であり，式(9.57)をカルマンの方程式という。ここで $s=j\omega$ とおくと式(9.57)の右辺第2項は

$$\|\Omega(j\omega I-A)^{-1}b\|^2 \geq 0 \tag{9.59}$$

なので

$$[1+L(-j\omega)]^T[1+L(j\omega)] \geq 1 \tag{9.60}$$

$$\therefore \|1+L(j\omega)\|^2 \geq 1 \tag{9.61}$$

となる。ここで

$$L(j\omega) = p(\omega) + jq(\omega) \tag{9.62}$$

とおくと式(9.61)は

$$\{1+p(\omega)\}^2 + q^2(\omega) \geq 1 \tag{9.63}$$

と書ける。これは，一巡伝達関数 $L(s) = f(sI-A)^{-1}b$ のベクトル軌跡が図9.4のようになることを意味する。

すなわち，1入力制御系の一巡伝達関数 $L(s)$ のベクトル軌跡は，$-1+j0$ を

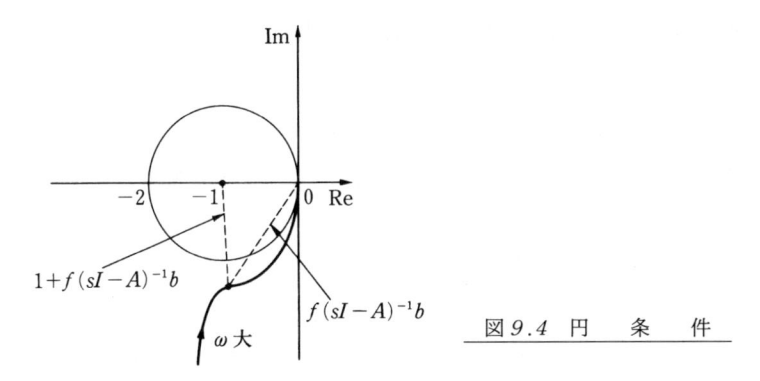

図中ラベル: Im, Re, -2, -1, 0, $1+f(sI-A)^{-1}b$, $f(sI-A)^{-1}b$, ω大

図9.4　円　条　件

中心とする単位円の外になければならない。これを円条件という。したがって，ゲイン余裕は無限大，また位相余裕も60°以上あり，制御系がかなりのシステムパラメータの変動に対してその安定性を保持できること，すなわちロバストであることを示している。

9.6 折 返 し 法

　線形系のフィードバックシステムにおいて，閉ループ系の固有値の位置は，安定性ばかりでなく速応性など制御系の評価基準となる重要な指標をも大きく左右する。このことを考慮し，閉ループ系の固有値を指定した位置に配置するフィードバック制御系の設計法として極配置法があるが，次元が大きい場合には計算は必ずしも簡単ではない。また，固有値の位置を一つ一つ正確に指定することはまれで，多くの場合固有値が，ある希望された領域に入っているようにすれば十分であると考えられる。

　2次形式評価関数を最小にする最適レギュレータは，パラメータ変動に対してロバストであるなどの特徴があるが，評価関数の重み係数 Q, R と応答の間の関係がはっきりとは解明されていないため，試行錯誤的に重み係数を決定しているのが現状である。したがって，もし最適レギュレータを用いて閉ループを構成し，かつその閉ループ系の固有値を希望された領域内に配置することができれば，単に極配置法で構成した閉ループ系より好ましいと考えられる。

制御対象は，入力 m, 出力 r, n 次元定係数線形システム

$$\dot{x}(t) = Ax(t) + Bu(t) \tag{9.64}$$

$$y(t) = Cx(t) \tag{9.65}$$

で，可制御，かつ状態変数の要素 $x_1(t)\sim x_n(t)$ はすべて直接観測が可能であるとする。

連続時間系において図 9.5 の領域内にすべての固有値が分布しているとき，すべてのモードは $\exp(-\eta t)$ より速く減衰し，かつ，振動の減衰比が $\sin\phi$ より大きくなる。したがって，速応性に優れ，かつ，顕著な振動モードが現れない応答をする固有値の領域を η と ϕ により指定することができる。このとき，η と ϕ の値は，設計仕様に基づいて決定される。

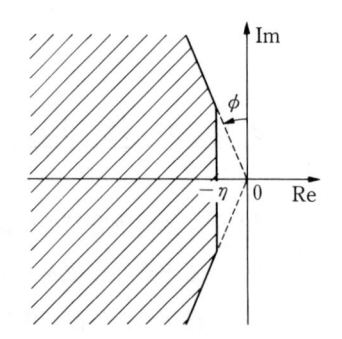

図 9.5 固有値の望ましい領域

折返し法は，最適レギュレータが有する利点をそのまま受け継ぐとともに，好ましい応答を保証する領域に閉ループ系の固有値を配置することができる。この設計法では，虚軸に平行な直線 $\mathrm{Re}\,\lambda = -\alpha$ が重要な位置を占め，この α (≥ 0) が設計のパラメータとなる。

折返し法をまとめると以下のようなる。

リカッチ形方程式

$$(A+\alpha I)^T P + P(A+\alpha I) - PBR^{-1}B^T P = 0 \tag{9.66}$$

を考え，半正定な最大解（他の解との差が半正定となる解）を P_+ とする。このときシステム 式(9.64)に状態フィードバック制御

9.6 折返し法

$$u(t) = -R^{-1}B^T P_+ x(t) \tag{9.67}$$

を施すと，閉ループ系の固有値は，システム行列 A の固有値のうち

(1) 直線 $\mathrm{Re}\,\lambda = -\alpha$ より左側にあるものと，
(2) 直線 $\mathrm{Re}\,\lambda = -\alpha$ より右側にあるものをこの直線を対称軸として左側に折り返したもの，

になる（図 9.6）。ただし，複素平面上で折返し線が A の固有値と重ならないように選ぶ。

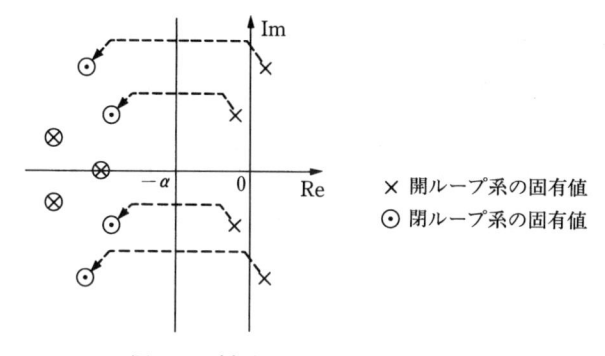

図 9.6　折返し法による固有値の移動

上記リカッチ形方程式 (9.66) は解 P_+ を用いてつぎのように書くこともできる。

$$A^T P + PA + 2\alpha P_+ - PBR^{-1}B^T P = 0 \tag{9.68}$$

ただし，$2\alpha P_+$ は半正定行列である。明らかに式 (9.68) の解と式 (9.66) の解は同じである。また，式 (9.68) と式 (9.14) を比べると，式 (9.14) の中の行列 Q が $2\alpha P_+$ に置き換わって式 (9.68) ができていることがわかる。

以上のことから，折返し法についてつぎのことがいえる。

(1) 折返し線 $\mathrm{Re}\,\lambda = -\alpha$ を適切に選定することで，好ましい応答を保証する複素平面上の領域に閉ループ系のすべての固有値を配置することができる。

(2) 評価関数を

$$J = \frac{1}{2}\int_0^\infty \{x^T(t)(2aP_+)x(t) + u^T(t)Ru(t)\}dt \qquad (9.69)$$

とした最適レギュレータになっている。

この設計法では，虚軸に平行な直線 $\mathrm{Re}\,\lambda = -a$ が重要な位置を占め，この a が設計のパラメータとなる。システム行列 A の固有値をあらかじめ求めておけば，すべての閉ループ系の固有値が望ましい領域に入るような折返し線 $\mathrm{Re}\,\lambda = -a$ の位置を図的に決定することができる。リカッチ形方程式(9.66)を解くのは，設計のパラメータ a 決定後，ただ1度だけでよい。

つぎに，選択的折返し法を紹介する。選択的折返し法は，リカッチ形方程式(9.66)の最大解とは限らないある解を順次用いることにより，行列の固有値で複素平面上に引いた直線 $\mathrm{Re}\,\lambda = -a$ より右側にあるもののうち，そのいくつかを選択的に左側の対称に折り返された位置に配置していく設計法である(図9.7)。したがって，折り返したい固有値に対して折返し線をその都度適当に選ぶことにより，閉ループ系の固有値の実部を任意に指定することができる。

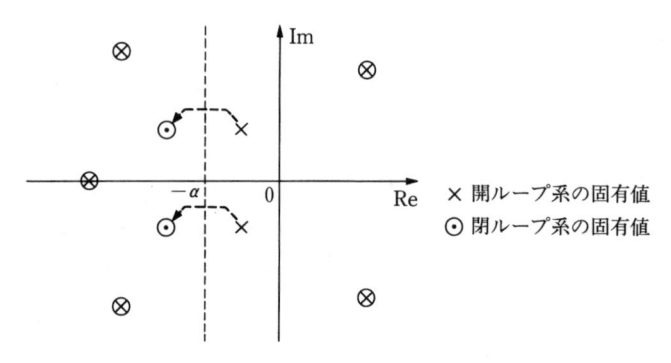

図9.7 選択的折返し法による固有値の移動

設計手順はつぎのようにまとめられる。

[Step 1] 行列 A に対し，1回目に折り返す固有値と折返し線 $\mathrm{Re}\,\lambda = -a_1$ を選ぶ。ここで $\mathrm{Re}\,\lambda = -a_1$ より左側に存在する A の固有値を $\lambda_1^-, \cdots, \lambda_p^-$ とし，右側に存在するものを $\lambda_1^+, \cdots, \lambda_{n-p}^+$ とする。また，このうち折り返す固有

9.6 折返し法

値を $\lambda_1^+, \cdots, \lambda_q^+$ ($q \leq n-p$) とする。

[Step 2] ハミルトン行列

$$H = \begin{bmatrix} A + \alpha_1 I & -BR^{-1}B^T \\ 0 & -(A+\alpha_1 I)^T \end{bmatrix} \tag{9.70}$$

の固有値のうち，$\lambda_1^- + \alpha_1, \cdots, \lambda_p^- + \alpha_1$ および $-(\lambda_1^+ + \alpha_1), \cdots, -(\lambda_q^+ + \alpha_1)$ および $\lambda_{q+1}^+ + \alpha_1, \cdots, \lambda_{n-p}^+ + \alpha_1$ の n 個に対応する n 本の $2n$ 次元固有ベクトルを並べた行列 T_1 をつくる。

$$T_1 = \begin{bmatrix} M_1 \\ N_1 \end{bmatrix} \tag{9.71}$$

[Step 3] T_1 から $P_1 = N_1 M_1^{-1}$ を求め

$$A_2 = A_1 - BR^{-1}B^T P_1, \quad (A_1 = A) \tag{9.72}$$

を構成する。ここで P_1 は式(9.66)の解となる。

[Step 4] 行列 A_2 に対して，[Step 1]～[Step 3]と同様の操作を行い，それぞれの固有値がすべて適当な位置に配置されるまで繰り返す。ただし，複素平面上で折返し線が A_i の固有値と重ならないように選ぶ。

以上の操作により構成される閉ループ系は

$$\begin{aligned}\dot{x}(t) &= \Bigl(A - \sum_i BR^{-1}B^T P_i\Bigr) x(t) \\ &= \Bigl(A - B\sum_i F_i\Bigr) x(t)\end{aligned} \tag{9.73}$$

となる。最終的にすべての固有値が安定な位置に配置されれば，このときの $P_+ = \sum_i P_i$ はリカッチ形方程式(9.66)の最大解となり，得られる制御則は最適レギュレータとなる。したがって，このとき構成される閉ループ系は，感度問題，安定余裕，応答特性などの点でいくつかの利点をもち，フィードバック制御系にとって好ましい性質を有することが理論的に示されている。

また，折返し法，選択的折返し法の基本的アイディアを離散時間系，δ 差分表現系に適用した設計法も提案されている。

9.7 折返し法による固有値の移動

前節において,折返し法を紹介した。折返し法を用いて制御系を設計すると,閉ループ系の固有値は,システム行列 A の固有値のうち
(1) 直線 $\mathrm{Re}\,\lambda=-\alpha$ より左側にあるものと,
(2) 直線 $\mathrm{Re}\,\lambda=-\alpha$ より右側にあるものをこの直線を対称軸として左側に折り返したもの,

になる。本節では,図を用いてこの原理を解説する。

つぎの四つのステップに分けて考えよう。

[Step 1] 行列 A の固有値と行列 $A+\alpha I$ の固有値の関係:

行列 A の固有値を λ_i, $i=1,\cdots,n$ とする。対角変換行列 T によって行列 $(A+\alpha I)$ を座標変換すると,つぎのようになる。

$$T^{-1}(A+\alpha I)T = T^{-1}AT + \alpha I$$

$$= \begin{bmatrix} \lambda_1+\alpha & & & \\ & \lambda_2+\alpha & & \\ & & \ddots & \\ & & & \lambda_n+\alpha \end{bmatrix} \qquad (9.74)$$

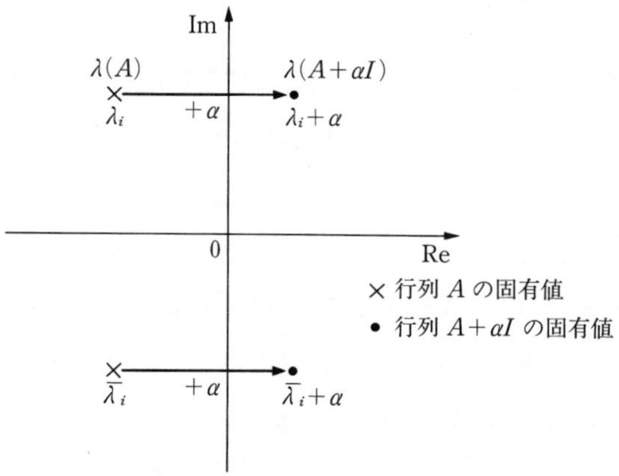

× 行列 A の固有値
● 行列 $A+\alpha I$ の固有値

図 9.8 行列 A と行列 $A+\alpha I$ の固有値

座標変換によってその行列の固有値は変わらないから，行列 $A+aI$ の固有値は，λ_i+a, $i=1,\cdots,n$ であることがわかる。この関係を図 9.8 に示す。

[Step 2] リカッチ方程式 (9.66) による固有値の移動：

簡単のため，行列 $A+aI$ を A^* で表現する。このとき，リカッチ方程式 (9.66) は，次式のようになる。

$$A^{*T}P+PA^*-PBR^{-1}B^TP=0 \tag{9.75}$$

式 (9.14) と式 (9.32) から，式 (9.75) に対応するハミルトン行列は

$$H=\begin{bmatrix} A^* & -BR^{-1}B^T \\ 0 & -A^{*T} \end{bmatrix} \tag{9.76}$$

となる。

$$\begin{aligned}|sI-H|&=\begin{vmatrix} sI-A^* & BR^{-1}B^T \\ 0 & sI+A^{*T} \end{vmatrix} \\ &=|sI-A^*||sI+A^{*T}|\end{aligned} \tag{9.77}$$

$|A^{*T}|$ の行展開の公式と $|A^*|$ の列展開の公式が一致することから

$$|A^{*T}|=|A^*| \tag{9.78}$$

である。また，A^{*T} の固有値は $|sI-A^{*T}|=0$ の根であるから，式 (9.78) を使って

$$\begin{aligned}|sI-A^{*T}|&=|(sI-A^*)^T| \\ &=|sI-A^*|\end{aligned} \tag{9.79}$$

となり，A^* の固有値とその転置行列である A^{*T} の固有値は等しいことがわかる。よって，式 (9.77) から，ハミルトン行列 H の固有値は，A^* の固有値と，その符号を反転したものからなっていることがわかる。

したがって，リカッチ方程式 (9.75) の半正定な最大解を P_+ で表すとき，行列 $A^*-BR^{-1}B^TP_+=A^*-BF$ の固有値は，A^* の固有値のうち

(1) 虚軸より左側にあるものと，

(2) 虚軸より右側にあるものをこの直線を対称軸として左側に折り返したもの，

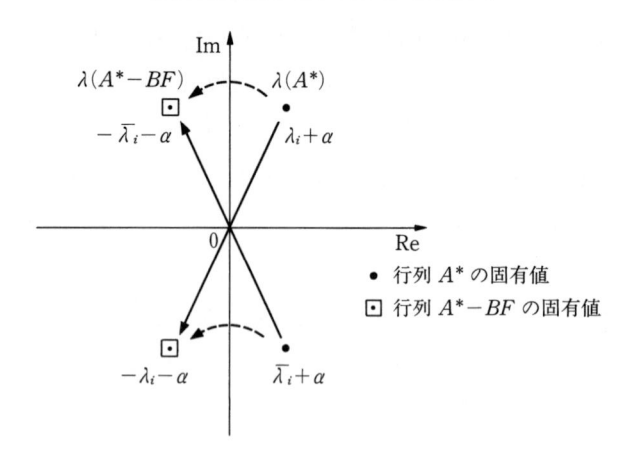

図 9.9 行列 A^* と行列 A^*-BF の固有値

になる。この関係を図 9.9 に示す。

[Step 3] $A-BF$ の固有値:

状態フィードバック制御 式(9.67)は，システム 式(9.64)に施す。したがって，閉ループ系は

$$\dot{x}(t) = (A - BR^{-1}B^TP_+)x(t)$$
$$= (A - BF)x(t) \qquad (9.80)$$

であるから，行列 A^*-BF の固有値と行列 $A-BF$ の固有値の関係を調べる必要がある。$A^*=A+\alpha I$ より，$A=A^*-\alpha I$ となり，[Step 1]での議論から，行列 $A-BF$ の固有値は，行列 A^*-BF の固有値を大きさ α だけ実軸負の方向に移動させたものであることがわかる。この関係を図 9.10 に示す。

[Step 4] 行列 A の固有値と行列 $A-BF$ の固有値の関係:

行列 A の固有値が直線 $\mathrm{Re}\,\lambda = -\alpha$ より右側にある場合，[Step 1]でまず α だけ実軸正の方向に移動させたのち，[Step 2]で虚軸に関して対称の位置に折り返し，[Step 3]で再び大きさ α だけ実軸負の方向に移動させたものが行列 $A-BF$ の固有値であるから，結局，行列 A の固有値を直線 $\mathrm{Re}\,\lambda = -\alpha$ に関して対称の位置に折り返したものが，行列 $A-BF$ の固有値になる。直線 $\mathrm{Re}\,\lambda = -\alpha$ より左側にある固有値に関しては，[Step 2]において折り返さず

図9.10 行列 $A^* - BF$ と行列 $A - BF$ の固有値

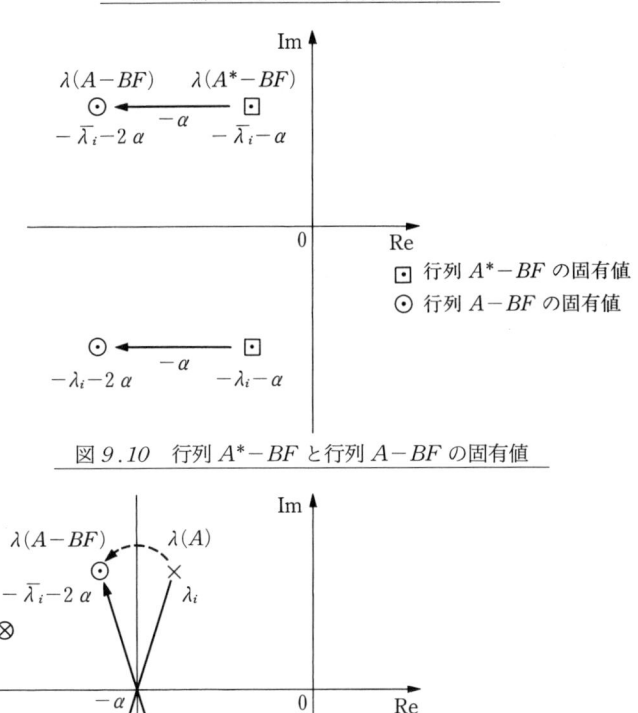

図9.11 折返し法による固有値の移動

に実軸平行移動を [Step 1] と [Step 3] で2回しただけなので，元の位置に戻る．この関係を図 9.11 に示す．

したがって，折返し法によって制御系を設計すると，図 9.6 に示すように，閉ループ系の固有値は，システム行列 A の固有値のうち，

（1） 直線 $\mathrm{Re}\,\lambda = -\alpha$ より左側にあるものと，

（2） 直線 $\mathrm{Re}\,\lambda = -\alpha$ より右側にあるものをこの直線を対称軸として左側に折り返したもの，

になる．

［Step2］においてリカッチ方程式(9.75)の半正定な最大解 P_+ を用いると，虚軸より右側にある固有値はそのすべてが虚軸に関して対称の位置に折り返される．選択的折返し法では，前節の設計手順で示したように最大解とは限らない解を用いることで，選択した固有値だけを移動させることに成功している．

10

サーボ系

　前章までに述べた極配置法，最適レギュレータ，折返し法はすべて，平衡点からずれた初期値があったとき，状態変数をゼロに整定させるレギュレータを構成するもので，例えば，システムに定常的な外乱が加わった場合にはゼロに整定することはできない。また，与えられた目標値に対して制御量が定常偏差なく追従するようなサーボ系も，このままの形では取り扱うことができない。サーボ系では一般につぎの条件が要求される。

(1) 閉ループ系は内部安定，すなわち目標値や外乱など外部入力がゼロのときにも漸近安定であること。

(2) 外乱存在下においても制御量が目標値に定常偏差なく追従するレギュレーションの条件を満たしていること。

(3) 制御対象のパラメータ変動があっても，(1)が成立する限りは(2)も成立すること。

10.1 サーボ系の構造

　このような問題に対しては，7.4節で述べた内部モデル原理に従って制御系の構造から考える必要がある。

10. サーボ系

内部モデル原理によれば，ステップ状の目標値あるいは外乱に対して有効な制御系であるためには，前置補償器が原点に極をもつことが必要であった。この原点に極をもつ前置補償器の積分動作を陽に表すと，図 10.1 に示すような制御系の構造となる。

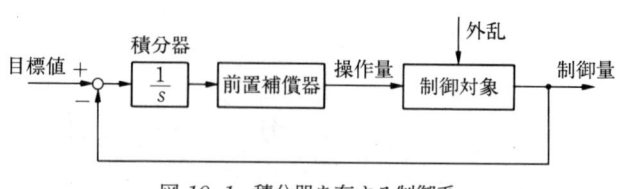

図 10.1 積分器を有する制御系

状態フィードバックによって特性改善をする制御方式である場合も，制御系は，積分器を前置補償として有する構造でなくてはならない。そこで，図 10.2 に示すように，状態フィードバック制御に加えて制御偏差 e を積分することで，図 10.1 と同じ構造にする。

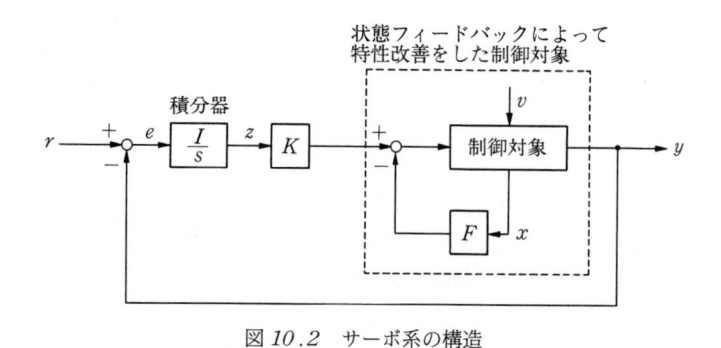

図 10.2 サーボ系の構造

制御対象は，可制御な入力 m，出力 m，n 次元定係数線形システム

$$\dot{x}(t) = Ax(t) + Bu(t) + v(t) \tag{10.1}$$

$$y(t) = Cx(t) \tag{10.2}$$

であり，状態変数 $x_1(t) \sim x_n(t)$ は直接観測が可能であるとする。また，m 次元ベクトルの $r(t)$ は任意の大きさのステップ状の目標値，$v(t)$ は n 次元の任意の大きさのステップ状の未知外乱，$m \times m$ 行列 K と $m \times n$ 行列 F は制御

定数である。

10.2 サーボ系の設計

前節において,制御系は図 10.2 の構造とすることに決めた。本節では,図 10.2 中の制御定数 K と F の設計を考える。

まず,この制御系の動特性を表現することから始めよう。制御対象は,式 (10.1),(10.2) で表される。ほかに,積分器も動的要素であり,制御偏差 $e(t)$ を積分したものが $z(t)$ となっている。これを微分方程式で書くと

$$\dot{z}(t) = e(t)$$
$$= r(t) - y(t) \qquad (10.3)$$

となる。操作量 $u(t)$ は,この $z(t)$ に制御定数 K を掛けたものと,状態フィードバック $Fx(t)$ とからなり,次式で表すことができる。

$$u(t) = -Fx(t) + Kz(t) \qquad (10.4)$$

つぎに,積分器の出力である $z(t)$ を状態変数として取り込むことを考える。状態変数を $x(t)$ と $z(t)$ にして,式 (10.1)〜式 (10.3) をまとめて記述するとつぎの拡大系をつくることができる。

$$\begin{bmatrix} \dot{x}(t) \\ \dot{z}(t) \end{bmatrix} = \begin{bmatrix} A & 0 \\ -C & 0 \end{bmatrix} \begin{bmatrix} x(t) \\ z(t) \end{bmatrix} + \begin{bmatrix} B \\ 0 \end{bmatrix} u(t) + \begin{bmatrix} v(t) \\ r(t) \end{bmatrix} \qquad (10.5)$$

また,操作量 式 (10.4) を新しい状態変数を使った状態フィードバック制御で表現すると

$$u(t) = -\begin{bmatrix} F & -K \end{bmatrix} \begin{bmatrix} x(t) \\ z(t) \end{bmatrix} \qquad (10.6)$$

となる。わかりやすくするために,新しい状態変数を

$$\bar{x}(t) = \begin{bmatrix} x(t) \\ z(t) \end{bmatrix} \qquad (10.7)$$

とし,式 (10.5),(10.6) に含まれる行列を

$$\bar{A} = \begin{bmatrix} A & 0 \\ -C & 0 \end{bmatrix}, \quad \bar{B} = \begin{bmatrix} B \\ 0 \end{bmatrix}, \quad \bar{F} = [F \quad -K] \qquad (10.8)$$

で表すと，拡大系はつぎのように書くことができる。

$$\dot{\bar{x}}(t) = \bar{A}\bar{x}(t) + \bar{B}u(t) + \begin{bmatrix} v(t) \\ r(t) \end{bmatrix} \qquad (10.9)$$

$$u(t) = -\bar{F}\bar{x}(t) \qquad (10.10)$$

すなわち，前章までに扱っていたものと同じ状態方程式に，外部入力の $v(t)$ と $r(t)$ を陽に書き加えたのが式(10.9)であり，操作量をいつもの状態フィードバックの形で表現したのが式(10.10)である。ここで，もしも拡大系が可制御であれば，前章までに述べた設計法に帰着させて，閉ループ系を安定とする制御定数 $\bar{F}$ を算出することができる。

10.3 設計条件

本節では，サーボ系に課せられた三つの条件を満足しているかどうかを検討しよう。まず，先に述べた条件(1)の内部安定性について考える。外部入力をゼロとしたときのシステム 式(10.9)を漸近安定にするような状態フィードバック制御 式(10.10)が存在するための必要十分条件は，システムが可制御であることである。そこで可制御性行列を計算してそのランクを調べる。

可制御性行列は

$$\begin{aligned}
\bar{U}_c &= [\bar{B} \quad \bar{A}\bar{B} \quad \bar{A}^2\bar{B} \quad \cdots \quad \bar{A}^{n+m-1}\bar{B}] \\
&= \begin{bmatrix} B & AB & A^2B & \cdots & A^{n+m-1}B \\ 0 & -CB & -CAB & \cdots & -CA^{n+m-2}B \end{bmatrix} \\
&= \begin{bmatrix} A & B \\ -C & 0 \end{bmatrix} \begin{bmatrix} 0 & B & AB & A^2B & \cdots & A^{n+m-2}B \\ I_m & 0 & 0 & 0 & \cdots & 0 \end{bmatrix}
\end{aligned} \qquad (10.11)$$

となる。ここで，I_m は m 次元の単位行列を表し，正則であるからそのランクは m である。また，$[B \quad AB \quad A^2B \quad \cdots \quad A^{n+m-2}B]$ のランクは行数が n である

10.3 設計条件

ことから,たかだか n である。制御対象 式(10.1)は可制御なので,$[B\ AB\ A^2B\ \cdots\ A^{n-1}B]$ のランクは n,すなわち,独立な列ベクトルは n 本存在する。この行列にさらに列ベクトルが何本か追加されてできた行列 $[B\ AB\ A^2B\ \cdots\ A^{n+m-2}B]$ のランクは,先の行列のランクと同じく n である。したがって式(10.11)の最後の行列のランクは $n+m$ である。

これより,拡大系の可制御性行列のランクが $n+m$ となるための必要十分条件は

$$\mathrm{rank}\begin{bmatrix} A & B \\ -C & 0 \end{bmatrix} = n+m \tag{10.12}$$

であることがわかる。

式(10.12)が成立することが条件(1)である内部安定なサーボ系を設計するための必要十分条件である。ここで式(10.12)の意味するところを考えてみよう。制御対象 式(10.1),(10.2)の操作量 $u(t)$ から制御量 $y(t)$ までの $m \times m$ 伝達関数行列は

$$\begin{aligned} G(s) &= C(sI_n-A)^{-1}B \\ &= \frac{C\,\mathrm{adj}(sI_n-A)\,B}{|sI_n-A|} \end{aligned} \tag{10.13}$$

であるから

$$\begin{aligned} |G(s)| &= |C(sI_n-A)^{-1}B| \\ &= \frac{|C\,\mathrm{adj}(sI_n-A)\,B|}{|sI_n-A|} \end{aligned} \tag{10.14}$$

となる。上式の,分母をゼロにする s をシステムの極といい,1入力1出力系の場合と同じく行列 A の固有値に等しい。零点に関しては,1入力1出力系の場合は,$c\,\mathrm{adj}(sI_n-A)\,b=0$ の根である。多入力多出力システムでは式(10.14)の分子をゼロにする s を不変零点と呼ぶ。

余因子行列を用いないでこの零点を計算することもできる。そのために,つぎの正方行列 $M(s)$ を導入する。

$$M(s) = \begin{bmatrix} sI_n - A & B \\ C & 0 \end{bmatrix} \tag{10.15}$$

$|M(s)|$ は以下のように表現できる。

$$\begin{aligned} |M(s)| &= \begin{vmatrix} sI_n - A & B \\ C & 0 \end{vmatrix} \\ &= \begin{vmatrix} sI_n - A & 0 \\ C & -I_m \end{vmatrix} \begin{vmatrix} I_n & (sI_n - A)^{-1}B \\ 0 & C(sI_n - A)^{-1}B \end{vmatrix} \\ &= (-1)^m |sI_n - A| |C(sI_n - A)^{-1}B| \end{aligned} \tag{10.16}$$

ここで,式(10.14)を用いると,上式は

$$|M(s)| = (-1)^m |C \,\mathrm{adj}(sI_n - A) B| \tag{10.17}$$

となる。不変零点は,式(10.14)の分子をゼロにする s であるから

$$|M(s)| = 0 \tag{10.18}$$

とする s は,不変零点と一致する。式(10.18)で $s=0$ とおいた $|M(0)|=0$ は,原点に零点をもつことを表し,$|M(0)| \neq 0$ は,原点に零点をもたないことを表している。式(10.15)で $s=0$ とおいた行列が正則となるには

$$\mathrm{rank} \begin{bmatrix} -A & B \\ C & 0 \end{bmatrix} = n + m \tag{10.19}$$

が必要十分条件である。5章でも紹介したように,ランクの性質として,ある行あるいは列を a($\neq 0$)倍してもランクは不変であるので,式(10.19)は次式と等価となることがわかる。

$$\mathrm{rank} \begin{bmatrix} A & B \\ -C & 0 \end{bmatrix} = n + m \tag{10.20}$$

これは,式(10.12)と同じ式である。

以上の議論をまとめるとつぎのようになる。

（ⅰ）内部モデル原理によれば,ステップ状の目標値にオフセットなく追従し,また,ステップ状の操作端外乱による影響をオフセットなく抑制できる制御系となるためには,前置補償器が原点に極をもつことが必要で

10.3 設計条件

あった．前置補償器に設けたこの極を零点で相殺しては，その効果がなくなってしまう．すなわち，制御対象は，原点に零点をもってはならない．

(ⅱ) 制御対象が原点に零点をもたない必要十分条件は，式(10.15)で定義する正方行列 $M(s)$ が，$|M(0)|\neq 0$ を満たすことである．

(ⅲ) 条件 $|M(0)|\neq 0$ は，式(10.12)と等価であり，これは，拡大系が可制御となるための必要十分条件である．

これらはたがいに等価であり，最初に述べた条件(1)である内部安定なサーボ系を設計するための必要十分条件となっている．この条件のもとで，拡大系式(10.9)に対して前節までに述べた設計法を適用して，式(10.10)の形のフィードバック制御を求めることができる．このとき閉ループ系は，式(10.5)，(10.6)からつぎのようになる．

$$\begin{bmatrix} \dot{x}(t) \\ \dot{z}(t) \end{bmatrix} = \begin{bmatrix} A-BF & BK \\ -C & 0 \end{bmatrix} \begin{bmatrix} x(t) \\ z(t) \end{bmatrix} + \begin{bmatrix} v(t) \\ r(t) \end{bmatrix} \quad (10.21)$$

つぎに，条件(2)のレギュレーションについて検討しよう．$r(t)$ と $v(t)$ はステップ状変化を考えている．また，内部安定であるから，十分時間がたてば $x(t)$ と $z(t)$ は定常値に収束している．式(10.21)においてこれらの値を r_0，v_0，$x(\infty)$，$z(\infty)$ とおくと

$$\begin{bmatrix} A-BF & BK \\ -C & 0 \end{bmatrix} \begin{bmatrix} x(\infty) \\ z(\infty) \end{bmatrix} = -\begin{bmatrix} v_0 \\ r_0 \end{bmatrix} \quad (10.22)$$

となる．上式左辺最初の行列は漸近安定な行列であるから，すべての固有値はその実部が負であり，原点に存在しない．したがって正則である．よって $x(\infty)$，$z(\infty)$ は一意解をもち，第2行の等式から $y(\infty)=Cx(\infty)=r_0$ となり，制御量 $y(t)$ は，時刻無限大において制御偏差なく目標値に追従できることがわかる．制御対象のパラメータに変動があっても，内部安定が保持される限り式(10.22)は成立し，また $x(\infty)$，$z(\infty)$ は一意解をもつので，レギュレーションの条件は満たされ，最後の条件(3)も満足している．

演 習 問 題

〔1〕 つぎのシステムの零点を，式(10.18)で計算し，伝達関数から求めたものと一致することを確認せよ。

$$\dot{x}(t) = \begin{bmatrix} -2 & 1 & 0 \\ 1 & -3 & 1 \\ 0 & 1 & -2 \end{bmatrix} x(t) + \begin{bmatrix} 1 \\ 0 \\ 0 \end{bmatrix} u(t)$$

$$y(t) = \begin{bmatrix} 1 & 1 & 0 \end{bmatrix} x(t)$$

11

状態観測器

　制御系設計として，極配置法，最適レギュレータ，折返し法，サーボ系の基礎をまとめた．以上では，すべての状態変数 $x_1(t) \sim x_n(t)$ は直接観測が可能であると仮定したが，実際には，そのような場合は少ない．このときには，検出可能な操作量と出力（制御量）から状態を再現し，再現された状態を使って状態フィードバックを実現してやればよい．状態を再現する機構を状態観測器あるいはオブザーバという．

11.1　状態観測器の構造

　制御対象は，入力 m，出力 r，n 次元定係数線形システム

$$\dot{x}(t) = Ax(t) + Bu(t) \tag{11.1}$$

$$y(t) = Cx(t) \tag{11.2}$$

で表されているとする．もしも，行列 C のランクが n であるなら，式 (11.2) だけから状態 $x(t)$ を計算することができる．しかし，$r<n$ の場合など行列 C のランクが n より小さいときは，出力 $y(t)$ を観測しているだけでは，状態 $x(t)$ を再現するための十分な情報を得ることができない．

　まず考えつくのが，制御対象と同じモデル

$$\dot{\hat{x}}(t) = A\hat{x}(t) + Bu(t) \tag{11.3}$$

を用意しておいて，同一の入力 $u(t)$ を加える方法である．すなわち，図 11.1 に示すように，制御対象のシミュレータをコンピュータ内に構築して，それをオンラインで動かして，状態がどのように変化しているのかを見る．

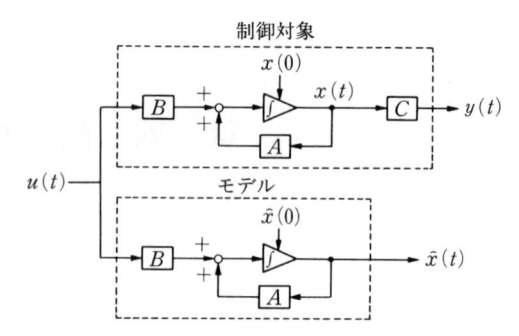

図 11.1　モデルをそのままシミュレータとして使う方法

もし，制御対象の初期値 $x(0)$ とモデルの初期値 $\hat{x}(0)$ が等しければ，両システムの入力 $u(t)$ が等しいので，制御対象は

$$x(t) = e^{At}x(0) + \int_0^t e^{A(t-\tau)}Bu(\tau)\,d\tau \tag{11.4}$$

に従って，また，モデルは

$$\hat{x}(t) = e^{At}\hat{x}(0) + \int_0^t e^{A(t-\tau)}Bu(\tau)\,d\tau \tag{11.5}$$

に従ってまったく同じ動きをし，$\hat{x}(t) = x(t)$, $t \geq 0$ となる．しかし，一般に制御対象の初期値 $x(0)$ は未知であり，$\hat{x}(0) \neq x(0)$ である．式(11.4)と式(11.5)の右辺第2項は同一であるから，右辺第1項の影響がいつまでも残るのか，それとも時間が経過するにつれて薄れていくのかを調べる必要がある．

以下において，制御対象の状態 $x(t)$ とモデルの状態 $\hat{x}(t)$ との差を考えてみよう．

$$\eta(t) = \hat{x}(t) - x(t) \tag{11.6}$$

とおき，両辺を微分したうえで式(11.1)と式(11.3)を使うと

11.1 状態観測器の構造

$$\dot{\eta}(t) = \dot{\hat{x}}(t) - \dot{x}(t)$$
$$= A\hat{x}(t) + Bu(t) - (Ax(t) + Bu(t))$$
$$= A(\hat{x}(t) - x(t))$$
$$= A\eta(t) \qquad (11.7)$$

となる。ただし,初期値は $\eta(0) = \hat{x}(0) - x(0)$ である。上の誤差システム 式(11.7)が漸近安定,すなわち行列 A のすべての固有値の実部が負ならば,$\eta(t) \to 0$, $t \to \infty$ となる。このことは,初期値における誤差 $\eta(0) = \hat{x}(0) - x(0) \neq 0$ の影響は時間経過とともに単調に減少し,やがて $\hat{x}(t)$ は $x(t)$ に漸近的に収束することを意味する。しかしながら,ここで収束の速度は行列 A の固有値に依存し設計者の立場でこれを調整することはできない。ましてや,誤差システム 式(11.7)が漸近安定でない場合は,$\hat{x}(t)$ は $x(t)$ の再現値とはなり得ない。

そこで,フィードバックを利用して上記の問題を解決する。制御対象の状態 $x(t)$ とその推定値 $\hat{x}(t)$ に差があると,当然,制御対象とモデルのそれぞれの出力にも差が出てくる。これをフィードバックしてモデルの動きを修正することを考えよう。図 11.2 に示すようなシステムを構成する。図 11.2 に示す状態観測器の動特性は,次式で記述される。

$$\dot{\hat{x}}(t) = A\hat{x}(t) + Bu(t) - L(\hat{y}(t) - y(t))$$
$$= A\hat{x}(t) + Bu(t) - L(C\hat{x}(t) - y(t))$$

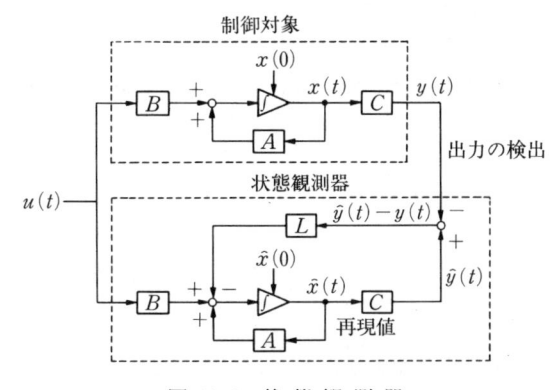

図 11.2 状態観測器

$$= (A-LC)\hat{x}(t) + Ly(t) + Bu(t) \qquad (11.8)$$

状態観測器を式(11.8)として先と同じように誤差システムを考える。式(11.6)の両辺を微分して，式(11.8)と式(11.1)を代入すると

$$\dot{\eta}(t) = \dot{\hat{x}}(t) - \dot{x}(t)$$
$$= (A-LC)\hat{x}(t) + Ly(t) + Bu(t) - (Ax(t) + Bu(t))$$
$$= (A-LC)\hat{x}(t) + LCx(t) - Ax(t)$$
$$= (A-LC)(\hat{x}(t) - x(t))$$
$$= (A-LC)\eta(t) \qquad (11.9)$$

となる。この解は

$$\eta(t) = e^{(A-LC)t}\eta(0) \qquad (11.10)$$

であるから，$A-LC$ が漸近安定な行列であれば，次式が成立する。

$$\lim_{t \to \infty} \eta(t) = 0, \quad {}^\forall \eta(0) \qquad (11.11)$$

すなわち，システム 式(11.8)が所望の状態観測器となり得る。この状態観測器の外部入力は，図11.2から明らかなように $u(t)$ と $y(t)$ であり，これらの情報に基づいて状態 $x(t)$ の再現値 $\hat{x}(t)$ を計算する。したがって，図11.3のように表すほうが理解しやすい。状態観測器 式(11.8)は制御対象 式(11.1)の次元と同じ n 次元なので同一次元オブザーバともいう。

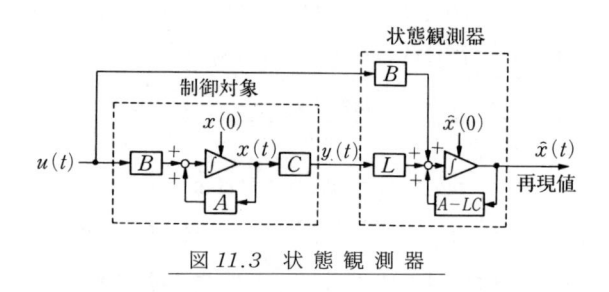

図 11.3 状態観測器

11.2 双対性を用いた設計

前節において，状態観測器の構造が式(11.8)であれば，初期値において誤

11.2 双対性を用いた設計

差があっても時間とともに減少することがわかった。ただし，$A-LC$ が漸近安定な行列でなくてはならない。そこで本節では，行列 L の設計を考察する。

8.1 節で述べたように，システムが可制御であることと，閉ループ系の固有値を任意の値に設定できることは等価である。このことは，多入力多出力系においてもいえる。すなわち

(A,B) が可制御 $\longleftrightarrow$ $A-BF$ の固有値を任意に設定可能

である。この F の設計に関しては前章までにいくつかの設計法を紹介してきた。いま，L を設計するにあたり，これらを流用する。

双対性の定理より

(C,A) が可観測 $\longleftrightarrow$ (A^T, C^T) が可制御

$\longleftrightarrow$ $A^T - C^T F$ の固有値を任意に設定可能

がいえる。したがって，$A-LC$ の固有値と $(A-LC)^T$ の固有値は等しいこと，および

$$(A-LC)^T = A^T - C^T L^T \tag{11.12}$$

を考慮すると，$A-LC$ を漸近安定な行列にする L の設計手順は図 11.4 のようにまとめることができる。すなわち

$$A^T \rightarrow A^* \tag{11.13}$$

$$C^T \rightarrow B^* \tag{11.14}$$

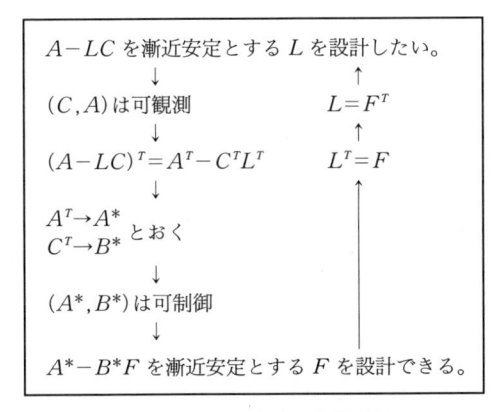

```
┌─────────────────────────────────────────────────┐
│  A-LC を漸近安定とする L を設計したい。            │
│         ↓                        ↑               │
│  (C,A) は可観測              L = F^T             │
│         ↓                        ↑               │
│  (A-LC)^T = A^T - C^T L^T    L^T = F            │
│         ↓                                        │
│  A^T → A^*                                       │
│  C^T → B^*   とおく                              │
│         ↓                                        │
│  (A^*, B^*) は可制御                             │
│         ↓                                        │
│  A^* - B^* F を漸近安定とする F を設計できる。    │
└─────────────────────────────────────────────────┘
```

図 11.4 行列 L の設計手順

の置換えをして F の計算をした後

$$L = F^T \tag{11.15}$$

とすればよいことになる.このような L が設計できるための必要十分条件は制御対象 式(11.1),(11.2)が可観測なことである.

11.3 併　合　系

状態観測器によって再現した状態を用いてフィードバック制御系を構成したときの閉ループ系の特性について考えてみよう.

制御対象は可制御かつ可観測で

$$\dot{x}(t) = Ax(t) + Bu(t) \tag{11.1 再掲}$$
$$y(t) = Cx(t) \tag{11.2 再掲}$$

で記述されている.状態フィードバック制御に用いる状態 $x(t)$ が直接観測できないので,状態観測器の出力 $\hat{x}(t)$ を使う.すなわち

$$u(t) = -F\hat{x}(t) \tag{11.16}$$
$$\dot{\hat{x}}(t) = (A - LC)\hat{x}(t) + Ly(t) + Bu(t) \tag{11.8 再掲}$$

とすると,閉ループ系は図 11.5 のようになる.この閉ループ系を併合系と呼ぶ.

式(11.1),(11.8)の $u(t)$ と $y(t)$ に,式(11.2),(11.16)を代入すると

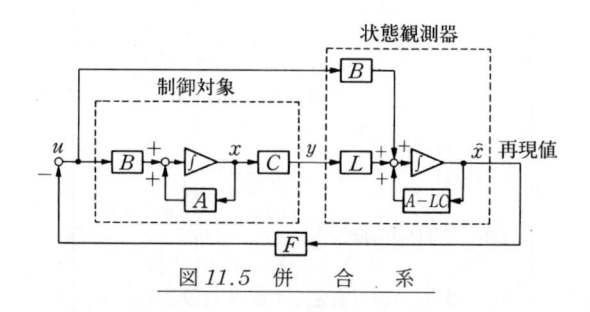

図 11.5 併 合 系

11.3 併合系

$$\dot{x}(t) = Ax(t) - BF\hat{x}(t) \tag{11.17}$$

$$\dot{\hat{x}}(t) = (A - LC)\hat{x}(t) + LCx(t) - BF\hat{x}(t) \tag{11.18}$$

となるから，併合系は次式となる．

$$\begin{bmatrix} \dot{x}(t) \\ \dot{\hat{x}}(t) \end{bmatrix} = \begin{bmatrix} A & -BF \\ LC & A-BF-LC \end{bmatrix} \begin{bmatrix} x(t) \\ \hat{x}(t) \end{bmatrix} \tag{11.19}$$

ここで，5.1 節で述べた座標変換を行い，新しい状態変数を $x(t)$ と $\eta(t)$ にして併合系の特性を見やすくする．$\eta(t)$ の定義式

$$\eta(t) = \hat{x}(t) - x(t) \tag{11.6 再掲}$$

から

$$\hat{x}(t) = x(t) + \eta(t) \tag{11.20}$$

であるから，座標変換をつぎのように選ぶ．

$$\begin{bmatrix} x(t) \\ \hat{x}(t) \end{bmatrix} = \begin{bmatrix} I & 0 \\ I & I \end{bmatrix} \begin{bmatrix} x(t) \\ \eta(t) \end{bmatrix} \tag{11.21}$$

上式の座標変換によって，併合系の状態変数を $x(t)$ と $\hat{x}(t)$ から $x(t)$ と $\eta(t)$ にすることができる．併合系 式(11.19)を座標変換すると

$$\begin{bmatrix} \dot{x}(t) \\ \dot{\eta}(t) \end{bmatrix} = \begin{bmatrix} I & 0 \\ I & I \end{bmatrix}^{-1} \begin{bmatrix} A & -BF \\ LC & A-BF-LC \end{bmatrix} \begin{bmatrix} I & 0 \\ I & I \end{bmatrix} \begin{bmatrix} x(t) \\ \eta(t) \end{bmatrix}$$

$$= \begin{bmatrix} I & 0 \\ -I & I \end{bmatrix} \begin{bmatrix} A-BF & -BF \\ A-BF & A-BF-LC \end{bmatrix} \begin{bmatrix} x(t) \\ \eta(t) \end{bmatrix}$$

$$= \begin{bmatrix} A-BF & -BF \\ 0 & A-LC \end{bmatrix} \begin{bmatrix} x(t) \\ \eta(t) \end{bmatrix} \tag{11.22}$$

となる．上式を二つの式に分解すると

$$\dot{x}(t) = (A-BF)x(t) - BF\eta(t) \tag{11.23}$$

$$\dot{\eta}(t) = (A-LC)\eta(t) \tag{11.24}$$

であるから，状態が直接観測できるという条件のもとで構成する閉ループ系に，$t \to \infty$ でゼロに収束する再現誤差 $\eta(t) = e^{(A-LC)t}\eta(0)$ が外乱として加わっていると解釈できる．

また，併合系の固有値は

$$\begin{vmatrix} sI-A+BF & BF \\ 0 & sI-A+LC \end{vmatrix} = 0 \quad (11.25)$$

で計算される。上式は

$$|sI-A+BF||sI-A+LC|=0 \quad (11.26)$$

と書き表すことができるので，状態が直接観測できるという条件のもとで構成する閉ループ系の固有値と状態観測器の固有値からなっていることがわかる。このことは，フィードバック制御の設計と状態観測器の設計を分離して行ってよいことを意味する。

演 習 問 題

〔1〕 つぎのシステムの状態観測器を設計せよ。

$$\dot{x}(t) = \begin{bmatrix} -4 & 3 \\ -6 & 5 \end{bmatrix} x(t) + \begin{bmatrix} 0 \\ 1 \end{bmatrix} u(t)$$

$$y(t) = \begin{bmatrix} 3 & -1 \end{bmatrix} x(t)$$

ただし，状態観測器の固有値を$-2\pm j$に配置すること。

〔2〕 8章の章末演習問題〔1〕のシステムに対し，固有値を$-0.5\pm j0.332$に配置する状態観測器を設計せよ。ただし，出力方程式を

$$y(t) = \begin{bmatrix} 1 & 0 \end{bmatrix} x(t)$$

とする。

〔3〕 上の問題において併合系を構成し，併合系の固有値は，閉ループ系の固有値と状態観測器の固有値からなっていることを確かめよ。

12

周波数領域での設計

 制御対象は多くの場合,伝達関数あるいは状態方程式で表現される。前者は入力から出力までの特性を周波数領域で表現したもので,後者は内部の状態を表す変数を導入し,微分方程式を使って特性を時間領域で表現したものである。

 本章では,周波数領域における制御系設計について述べる。特にプロセス制御の現場で広く使われている PID 制御を紹介し,そのパラメータ選定の方法を述べる。また,閉ループ系として望ましい特性をあらかじめ決めておき,それにマッチングするように PID 制御装置のパラメータを計算する手法を述べる。最後に,閉ループ系の特性根を複素平面上に描いて設計をする根軌跡法を紹介する。

12.1 PID 制御

 プロセス制御では PID 制御が一般に使われている。図 12.1 に示すように PID 制御は直列補償に属し,制御偏差に比例した量,制御偏差を積分した量,および制御偏差を微分した量を加え合わせたものを操作量とする制御法である。PID の名は,比例動作 (proportional action),積分動作 (integral action),微分動作 (derivative action) の頭文字を並べたものであり,実際に

12. 周波数領域での設計

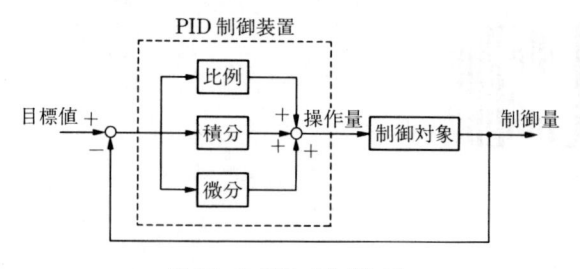

図 12.1 PID 制 御 系

はそれぞれの動作が組み合わされて，P動作，PI動作，PID動作などのフィードバック制御系を構成する。

最も簡単な制御動作はP動作で，制御装置の伝達関数は

$$G_c(s) = K_P \tag{12.1}$$

で表され，制御偏差に定数 K_P をかけて操作量を送り出す。制御対象が定位系である場合，このP動作だけではステップ状の目標値変化に対して定常偏差が残る。K_P の値を増加させることによって定常偏差は減少するが，大きな値を K_P に与え過ぎると制御系は不安定になる。これを改善するには内部モデル原理に従えば積分動作が必要である。そこでI動作を追加してPI動作にする。この制御装置の伝達関数は

$$G_c(s) = K_P\left(1 + \frac{1}{T_I s}\right) \tag{12.2}$$

と表現される。式(12.1)，(12.2)における K_P を比例ゲイン，T_I を積分時間という。上式の右辺第1項は，制御偏差がゼロになると同時にゼロになるが，第2項はそれまでの制御偏差を積分して蓄えているので，過渡期が過ぎて平衡したとき制御量はある一定の値となり，制御量を目標値と等しい値に保持することができる。

PI制御装置のボード線図を描くために，式(12.2)右辺を通分すると

$$\begin{aligned}G_c(s) &= K_P \frac{1 + T_I s}{T_I s} \\ &= K_P \times \frac{1}{T_I s} \times \frac{1 + T_I s}{1}\end{aligned} \tag{12.3}$$

となる。これらのボード線図を折れ線近似で描いて，ゲイン特性曲線，位相特性曲線それぞれを同じ ω の値について加え合わせると，図 12.2 のような特性曲線を得る。高周波領域の特性はあまり変えないで，低周波領域においてゲイン特性を持ち上げて定常特性の改善を図ろうとしていることがわかる。

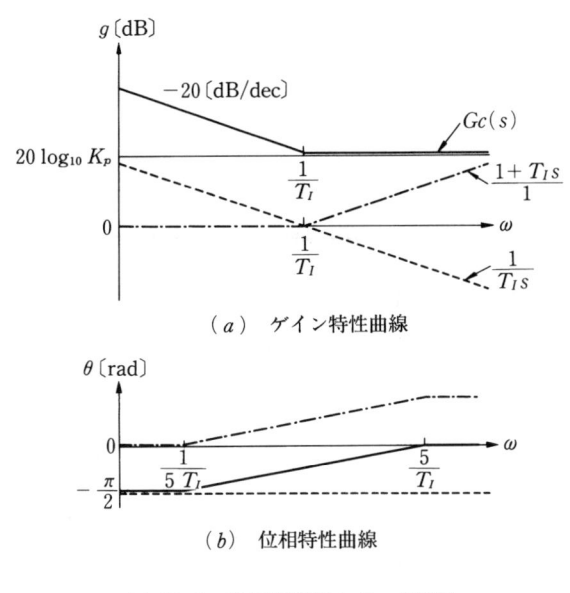

(a) ゲイン特性曲線

(b) 位相特性曲線

図 12.2　PI 制御装置のボード線図

PD 制御装置は比例動作と微分動作からなり，その伝達関数は

$$G_c(s) = K_P(1 + T_D s) \tag{12.4}$$

である。ここで T_D を微分時間という。これのボード線図を図 12.3 に示す。

P 動作，I 動作，D 動作のすべての動作を含んだのが PID 制御装置

$$G_c(s) = K_P\left(1 + \frac{1}{T_I s} + T_D s\right) \tag{12.5}$$

である。制御偏差に比例した操作量を基本とし，微分動作で速応性を改善した上で，積分動作によって定常偏差をゼロにする。

PID 制御装置のパラメータ K_P，T_I，T_D の調整には，ジーグラ・ニコルスによって与えられた限界感度法がある。制御装置のパラメータの値はつぎのよ

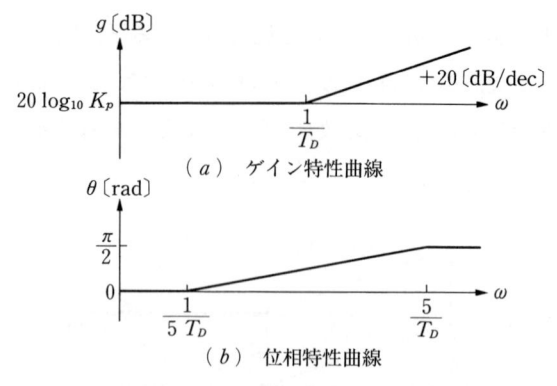

図 12.3 PD 制御装置のボード線図

うにして決定する．まず，制御装置を P 動作すなわち $T_I\to\infty$, $T_D=0$ として図 12.1 の閉ループ系を構成し，K_P の値をしだいに大きくして安定限界で持続振動を起こさせる．そのときのゲインが K_u, 持続振動の周期が P_u であったとすると，パラメータ K_P, T_I, T_D の値を表 12.1 の公式に従って決定する．

表 12.1 限界感度法における設計公式

動作	K_P	T_I	T_D
P	$0.5K_u$	∞	0
PI	$0.45K_u$	$0.83P_u$	0
PID	$0.6K_u$	$0.5P_u$	$0.125P_u$

表 12.2 特性値 R と L によるジーグラ・ニコルスの調整則

動作	K_P	T_I	T_D
P	$1/RL$	∞	0
PI	$0.9/RL$	$3.3L$	0
PID	$1.2/RL$	$2L$	$0.5L$

制御対象によっては，安定限界までゲインを大きくして持続振動を起こすことが許されない場合がある．その場合には，制御対象の立上りを

$$G_0(s) = \frac{Re^{-Ls}}{s} \tag{12.6}$$

で近似し，特性値 R と L によりパラメータ K_P, T_I, T_D の値を表 12.2 の公式で与えている．

12.2 部分的モデルマッチング法

この節では，部分的モデルマッチング法と呼ばれる設計法を紹介しよう。プロセス制御の分野では制御対象の動特性の正確な測定が難しい。そこで，制御対象の部分的知識に基づく制御系の設計法が提案されている。この設計法は，制御対象を同定する際に比較的正確に測定できる低周波特性に基づいた手法であり，エネルギー散逸が大きくて応答が非振動的な制御対象に対しては，設計目的にとって必要最小限の動特性に関する知識で優れた制御系を設計することができるので，プロセス制御の分野に適していると考えられる。

制御対象は1入力，1出力で，つぎの伝達関数で記述されているとする。

$$G_0(s) = \frac{b_0 + b_1 s + b_2 s^2 + \cdots}{a_0 + a_1 s + a_2 s^2 + \cdots} \tag{12.7}$$

上式において，s の低次の係数 a_0，b_0，a_1，b_1 などは比較的正確に測定できているが，s の高次の係数になるに従って，雑音などによりその精度は劣化しているとみなす。

このとき，つぎの設計仕様を満足する制御系の設計問題を考える。

1) 定常偏差がゼロになること
2) 適切な減衰特性をもつこと
3) 上記の仕様を満たしたうえで立上り時間が最小になること

すなわち，制御性，安定性，速応性の面から十分に良い性能を備えているように，制御系を設計することを目的とする。

上記設計仕様を満足する望ましい制御系として，つぎの参照モデルを導入する。

$$W_d(s) = \frac{1}{\alpha(s)} = \frac{1}{\alpha_0 + \alpha_1 \sigma s + \alpha_2 \sigma^2 s^2 + \alpha_3 \sigma^3 s^3 + \cdots} \tag{12.8}$$

$$\{\alpha_0, \alpha_1, \alpha_2, \alpha_3, \cdots\} = \left\{1, 1, \frac{1}{2}, \frac{3}{20}, \frac{3}{100}, \frac{3}{1000}, \cdots\right\} \tag{12.9}$$

ここで σ はその次数を s の次数と合わせているので，時間スケールの変換パ

ラメータである。しかも，1次のモーメントに一致するので，立上りの一つの特性値でもある。この σ の値も設計時に最適に決定する。

参照モデル 式(12.8)の係数 $\{a_k\}$ の値を式(12.9)とすると ITAE (integral time absolute error) 評価をほぼ最小とし，行過ぎ量約10%のステップ応答をもつ系が得られ，係数 $\{a_k\}$ の値を

$$\{a_0, a_1, a_2, a_3, \cdots\} = \left\{1, 1, \frac{3}{8}, \frac{1}{16}, \frac{1}{256}, \cdots\right\} \qquad (12.10)$$

に選ぶと，オーバシュートなしですみやかに整定する系が得られる。

参照モデルの表現式は式(12.8)のように，分母だけに s の多項式をもち，分子は1としている。すなわち，零点をもたない遅れ系である。この参照モデルは，閉ループ系の目標値から制御量までの伝達特性の所望の特性であるから，当然，定常ゲインは1にしてある。本節で紹介する設計法は，閉ループ系と参照モデルにおいて s の低次の項から順にマッチングを行い制御装置の複雑さに応じた適切な次数でマッチングを中断するのが特徴であり，s の最高次まで完全にマッチングを実行するわけではないので，部分的モデルマッチングと呼ばれている。

例題 12.1 参照モデル(12.8)の係数を式(12.9)とし，2次，3次，4次および5次遅れ系のステップ応答を調べよ。ただし，σ の値は1とする。

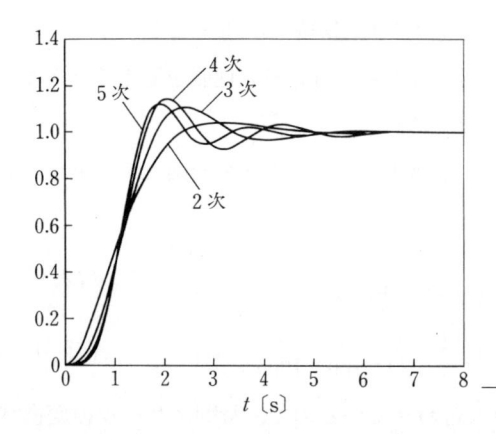

図 12.4 参照モデル 式(12.8)のステップ応答

12.2 部分的モデルマッチング法

解 ステップ応答は図 12.4 のようになる。

4種類のモデルはいずれも，立上りの特性を示す s の1次の係数が1である。このため，図 12.4 でわかるように，定常値の 60% になるのが1秒程度になっている。遅れの次数が増えるに従って，振動的になっているが，どれも，整定時間 4〜5 秒の好ましい応答特性であるといえる。

先に述べたように，部分的モデルマッチング法では，制御装置の複雑さに応じた適切な次数までマッチングを行う。制御装置を PI 動作にするか PID 動作にするかで閉ループ系の伝達関数の次数は違ってくるため，その次数に見合った参照モデルをいくつか用意しておいて，その都度使い分けることが考えられるが，これでは煩雑である。そこで，係数 $\{a_k\}$ の値を式 (12.9) あるいは式 (12.10) とする参照モデル 式 (12.8) を導入すれば，必要に応じて適当な次数で打ち切っても，好ましい応答特性を有する参照モデルとして使用できる。

図 12.5 に示す PID 制御系を設計しよう。比例ゲイン K_P，積分時間 T_I，微分時間 T_D を用いて PID 制御装置の伝達関数は

$$G_c(s) = K_P\left(1 + \frac{1}{T_I s} + T_D s\right) \tag{12.11}$$

と記述することができる。上式の右辺を通分し，しかも K_P, T_I, T_D のほかに，さらに高次の微分動作も含んだ制御装置として，つぎのように表現する。

$$\frac{c(s)}{s} = \frac{c_0 + c_1 s + c_2 s^2 + c_3 s^3 + \cdots}{s} \tag{12.12}$$

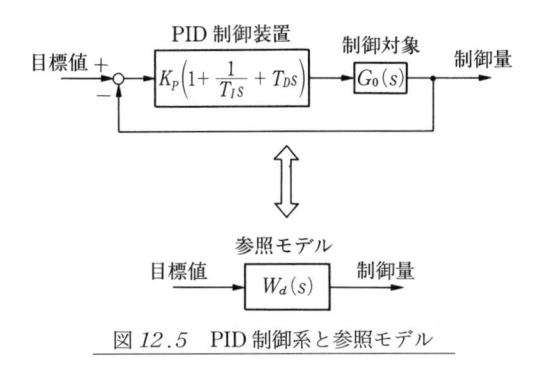

図 12.5 PID 制御系と参照モデル

上式において，c_0 が積分動作，c_1 が比例動作，c_2 が 1 次の微分動作を表しており，さらに c_3 は 2 次の微分動作を c_4 は 3 次の微分動作を表している。図 12.6 の構造の閉ループ系の目標値 r から制御量 y までの伝達関数 $W(s)$ は

$$W(s) = \frac{\frac{c(s)}{s} \times \frac{b(s)}{a(s)}}{1 + \frac{c(s)}{s} \times \frac{b(s)}{a(s)}} = \frac{c(s)b(s)}{sa(s) + c(s)b(s)} \quad (12.13)$$

である。この式の右辺の $a(s)$，$b(s)$，$c(s)$ は s の多項式であるから，$W(s)$ は分母，分子それぞれが s の多項式である。しかしながら，参照モデルは，高次遅れ系として与えた。そこで式 (12.13) の分母，分子ともに $c(s)b(s)$ で割って分母系列表現して，式 (12.8) の望ましい制御系の参照モデル $W_d(s)$ に等しいとおくことにより，つぎの関係式を得る。

$$1 + s\frac{h(s)}{c(s)} = \alpha(s) \quad (12.14)$$

ただし，$h(s)$ は制御対象 式 (12.7) の多項式 $a(s)$ と $b(s)$ から次式により計算する。

$$h(s) = \frac{a(s)}{b(s)} = h_0 + h_1 s + h_2 s^2 + h_3 s^3 + \cdots \quad (12.15)$$

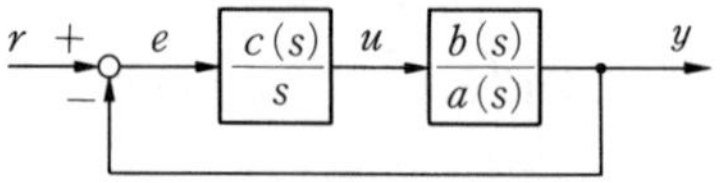

図 12.6 PID 制御系

式 (12.14) から $c(s)$ を解くと

$$c(s) = \frac{sh(s)}{\alpha(s) - 1} \quad (12.16)$$

となる。ここで式 (12.12) で定義したように $c(s)$ は

$$c(s) = c_0 + c_1 s + c_2 s^2 + c_3 s^3 + \cdots \quad (12.17)$$

であるから，式 (12.16) の右辺も s の昇べきに展開すると

$$c(s) = \frac{1}{\sigma}[h_0 + (h_1 - \alpha_2 h_0 \sigma)s$$
$$+ \{h_2 - \alpha_2 h_1 \sigma + (\alpha_2^2 - \alpha_3)h_0 \sigma^2\}s^2$$

12.2 部分的モデルマッチング法

$$+\{h_3-\alpha_2 h_2\sigma+(\alpha_2{}^2-\alpha_3)h_1\sigma^2-(\alpha_2{}^3-2\alpha_2\alpha_3+\alpha_4)h_0\sigma^3\}s^3$$
$$+\cdots\cdots] \tag{12.18}$$

となる.したがって所望のPID制御系設計公式は,式(12.17)と式(12.18)をsの低次の項からできるだけ高次の項まで等しくおくことにより得ることができる.

$$c_0=h_0/\sigma \tag{12.19}$$
$$c_1=h_1/\sigma-\alpha_2 h_0 \tag{12.20}$$
$$c_2=h_2/\sigma-\alpha_2 h_1+(\alpha_2{}^2-\alpha_3)h_0\sigma \tag{12.21}$$
$$c_3=h_3/\sigma-\alpha_2 h_2+(\alpha_2{}^2-\alpha_3)h_1\sigma-(\alpha_2{}^3-2\alpha_2\alpha_3+\alpha_4)h_0\sigma^2 \tag{12.22}$$
....

先に述べたように,σの値はまだ決まっていない.PI動作ではc_0,c_1を使うので,結局,未決定の変数は三つである.したがって,上式のうち,低次から順に式(12.19),(12.20),(12.21)の3本を成立させることができる.c_0とc_1はσを含む式(12.19)と式(12.20)で計算する.そしてσは,式(12.21)において$c_2=0$として決定する.

PID動作ではc_0,c_1,c_2を使う.この三つのパラメータは式(12.19),(12.20),(12.21)で計算される.そしてσは,$c_3=0$とした式(12.22)から決定する.σの満たすべき方程式はつぎのようになる.

(1) PI動作:
$$(\alpha_2{}^2-\alpha_3)h_0\sigma^2-\alpha_2 h_1\sigma+h_2=0 \tag{12.23}$$

(2) PID動作:
$$(\alpha_2{}^3-2\alpha_2\alpha_3+\alpha_4)h_0\sigma^3-(\alpha_2{}^2-\alpha_3)h_1\sigma^2+\alpha_2 h_2\sigma-h_3=0 \tag{12.24}$$

σは,方程式(12.23),(12.24)を解いて得られる解のうち最小の正のものを採用する.

例題 12.2 式(12.15)の右辺の多項式の係数の計算式を導出せよ.

解 つぎのように求められる.

$$h_0=a_0/b_0 \qquad ①$$
$$h_1=(a_1-b_1 h_0)/b_0 \qquad ②$$

$$h_2 = (a_2 - b_1 h_1 - b_2 h_0)/b_0 \qquad ③$$

$$h_3 = (a_3 - b_1 h_2 - b_2 h_1 - b_3 h_0)/b_0 \qquad ④$$

$$\cdots$$

$$h_i = (a_i - b_1 h_{i-1} - b_2 h_{i-2} \cdots - b_i h_0)/b_0 \qquad ⑤$$

上式から,sの0次の係数であるh_0は,同じく0次の係数であるa_0とb_0から計算され,sの1次の係数であるh_1は,0次と1次の係数であるa_0, b_0, a_1, b_1から計算されることがわかる。同様にi次の係数であるh_iは,i次以下の係数から計算されるので,制御対象の表現 式(12.7)において低次の係数ほど正確に求められているという性質は,式(12.15)の表現においても保存されている。

この部分モデルマッチング法は,多入出力PID制御系の設計に拡張することができる。以下で扱う制御対象は入力p, 出力pであり,その伝達関数行列を$\underline{B/a}$とする。すなわち,分母をsに関するスカラ多項式で,分子をsに関する行列多項式で表現する。また,平衡状態で入力の平衡値と出力の平衡値との間に1対1の対応関係が成立するよう,その直流ゲイン行列B_0/a_0が正則,したがって$|B_0|\neq 0$, $a_0 \neq 0$と仮定する。

設計すべき制御系は,つぎの設計仕様を満たす非干渉制御系である。非干渉化された各部分制御系については,前節に記述したものと同じで

1) 定常位置偏差がゼロになること
2) 適切な減衰特性をもつこと
3) 上記の仕様を満たしたうえで,立上り時間が最小であること

そして部分制御系相互の間の干渉については

4) 低周波領域からできるだけ高周波領域まで非干渉化が達成されること

である。

上記の設計仕様1)〜4)を満たす制御系の設計公式を先に紹介した設計思想に基づいて導出しよう。まず,その制御系の目標値から制御量までの望ましい特性を表す参照モデルを定義する。$\boldsymbol{R}(s)$および$\boldsymbol{Y}(s)$を目標値および制御量のpベクトルとするとき,参照モデルを次式のようにsに関する行列多項式で与える。

$$\underline{M_\Sigma} \boldsymbol{Y}(s) = \boldsymbol{R}(s) \qquad (12.25)$$

12.2 部分的モデルマッチング法

$$\underline{M}_\Sigma = \alpha_0 I + \alpha_1 \Sigma s + \alpha_2 \Sigma^2 s^2 + \alpha_3 \Sigma^3 s^3 + \cdots \quad (12.26)$$

$$\Sigma = \begin{bmatrix} \sigma_1 & & & \\ & \sigma_2 & & \\ & & \ddots & \\ & & & \sigma_p \end{bmatrix}, \quad \alpha_0 = \alpha_1 = 1 \quad (12.27)$$

ただし，$\{\alpha_k\}$としては，式(12.9)あるいは式(12.10)を用いる．閉ループ系の伝達特性をsの多項式で表現し，上式の参照モデルに，sの低次のほうから係数を合わせ，同時に参照モデルの時間スケールを表す自由パラメータ行列Σの各成分$\sigma_i(i=1,2,\cdots,p)$を正の範囲でできるだけ小さくすることによって設計公式を導く．

さて，ここで考えるPID方式の制御系の構造は図12.7のとおりである．

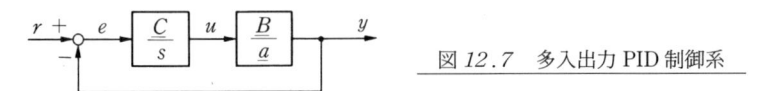

図 12.7 多入出力 PID 制御系

この系の入出力関係を求めよう．制御装置を$\underline{C}/s$とし，その分子多項式を

$$\underline{C} = C_0 + C_1 s + C_2 s^2 + C_3 s^3 + \cdots \quad (12.28)$$

のように表現する．先の1入力1出力の場合と同じようにして目標値$\boldsymbol{R}(s)$から制御量$\boldsymbol{Y}(s)$までの伝達特性を求めると

$$\{I + s\underline{C}^{-1}\underline{H}\}\boldsymbol{Y}(s) = \boldsymbol{R}(s) \quad (12.29)$$

となる．ここで$\underline{H} \equiv \underline{B}^{-1}\underline{a}$とおいた．

そこでこの関係を参照モデル 式(12.25)に等しいとおくと

$$I + s\underline{C}^{-1}\underline{H} \equiv \underline{M}_\Sigma \quad (12.30)$$

である．

式(12.30)は前述の式(12.14)に対応しており，この両辺をsの昇べきに展開して各次数の係数が等しくなるように自由パラメータの値を決めればよい．

しかしながら，実際の制御装置では$\underline{C}$のはじめの有限項だけを用いる．そ

れを C_0, C_1, $\cdots$, C_{l-1} としよう。I動作なら $l=1$, PI動作なら $l=2$, PID動作なら $l=3,\cdots$ である。そして制御装置に用いない項は $C_l=C_{l+1}=\cdots=0$ である。したがって，式(12.30)を成立させるために使える自由なパラメータは，$p\times p$ 行列 C_0, C_1, $\cdots$, C_{l-1} の lp^2 個と対角行列 Σ の対角要素 p 個だけである。そこで要請条件4)に従って，式(12.30)を s の昇べきの順に展開したときの，s^1 から s^l までの係数比較から得られる l 本の式と，s^{l+1} の係数比較から得られる式の対角要素部分のみについて等式関係を要請することにする。一般的表現は複雑なので，$l=3$, すなわち PID 動作について書けば

$$C_0^{-1}H_0=\Sigma \tag{12.31}$$

$$C_0^{-1}H_1-C_0^{-1}C_1C_0^{-1}H_0=\alpha_2\Sigma^2 \tag{12.32}$$

$$C_0^{-1}H_2-C_0^{-1}C_1C_0^{-1}H_1+\{C_0^{-1}(C_1C_0^{-1})^2-C_0^{-1}C_2C_0^{-1}\}H_0=\alpha_3\Sigma^3 \tag{12.33}$$

$$[C_0^{-1}H_3]_{\mathrm{diag}}-[C_0^{-1}C_1C_0^{-1}H_2]_{\mathrm{diag}}$$
$$+[\{C_0^{-1}(C_1C_0^{-1})^2-C_0^{-1}C_2C_0^{-1}\}H_1]_{\mathrm{diag}}$$
$$-[\{C_0^{-1}(C_1C_0^{-1})^3-C_0^{-1}C_1C_0^{-1}C_2C_0^{-1}-C_0^{-1}C_2C_0^{-1}C_1C_0^{-1}\}H_0]_{\mathrm{diag}}$$
$$=\alpha_4\Sigma^4 \tag{12.34}$$

である。これらから C_0, C_1, C_2 を消去すると Σ の満たすべき方程式

PI動作：

$$(\alpha_2{}^2-\alpha_3)\Sigma^2-\alpha_2[H_0^{-1}H_1]_{\mathrm{diag}}\Sigma+[H_0^{-1}H_2]_{\mathrm{diag}}=0 \tag{12.35}$$

PID動作：

$$(\alpha_2{}^3-2\alpha_2\alpha_3+\alpha_4)\Sigma^3-(\alpha_2{}^2-\alpha_3)[H_0^{-1}H_1]_{\mathrm{diag}}\Sigma^2$$
$$+\alpha_2[H_0^{-1}H_2]_{\mathrm{diag}}\Sigma-[H_0^{-1}H_3]_{\mathrm{diag}}=0 \tag{12.36}$$

を得る。そこでまず要請条件3)に呼応して，この方程式を満たす正で最小の実数を対角要素とする Σ を求める。それを用いて，PI, PID 動作それぞれに必要な制御装置の係数行列 C_0, C_1 ; C_0, C_1, C_2 を

$$C_0=H_0\Sigma^{-1} \tag{12.37}$$

$$C_1=H_1\Sigma^{-1}-\alpha_2H_0 \tag{12.38}$$

$$C_2=H_2\Sigma^{-1}-\alpha_2H_1+(\alpha_2{}^2-\alpha_3)H_0\Sigma \tag{12.39}$$

から求めればよい。上の式(12.37), (12.38), (12.39)はそれぞれ，1入力PID制御系設計公式の式(12.19), (12.20), (12.21)に対応している。同じく，Σの満たすべき方程式(12.35)と式(12.36)は，式(12.23)と式(12.24)に対応している。

12.3 根軌跡法

図12.8に示すフィードバック制御系において，$G(s)$は前向き伝達関数で制御対象 $G_o(s)$ と直列補償要素 $G_c(s)$ の積であり，$H(s)$はフィードバック伝達関数である。$G(s)H(s)$を一巡伝達関数あるいは開ループ伝達関数という。閉ループ伝達関数の根，すなわち制御系の特性根は，特性方程式

$$1+G(s)H(s)=0 \qquad (12.40)$$

を解くことで知ることができる。一巡伝達関数の定常ゲインをパラメータとして変化させたときの特性根の移動を s 平面上の軌跡，すなわち根軌跡として求めておけば，制御系の性質を判断し，より好ましい制御系を設計することが可能となる。

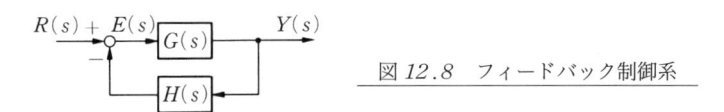

図12.8 フィードバック制御系

しかしながら，sの次数が高い場合，根軌跡を描くのにパラメータを少し変えては特性方程式(12.40)をいちいち解くのでは膨大な計算量となる。根軌跡法によれば，一巡伝達関数の零点と極の位置を基にして，図式的な方法で根軌跡を描くことができる。

いま，一巡伝達関数が

$$G(s)H(s)=\frac{K(s-z_1)(s-z_2)\cdots(s-z_m)}{(s-p_1)(s-p_2)\cdots(s-p_n)} \qquad (12.41)$$

の形で表されたとしよう。式(12.41)を式(12.40)に代入する。

$$1+\frac{K(s-z_1)(s-z_2)\cdots(s-z_m)}{(s-p_1)(s-p_2)\cdots(s-p_n)}=0$$

$$\frac{(s-z_1)(s-z_2)\cdots(s-z_m)}{(s-p_1)(s-p_2)\cdots(s-p_n)}=-\frac{1}{K}$$

$$\frac{(s-p_1)(s-p_2)\cdots(s-p_n)}{(s-z_1)(s-z_2)\cdots(s-z_m)}=K(-1)=K\varepsilon^{jN\pi}, \qquad N=\pm 1, \pm 3, \cdots$$

$$(12.42)$$

式(12.42)は複素方程式であるので,これをつぎの2式に分ける.

$$\frac{|s-p_1||s-p_2|\cdots|s-p_n|}{|s-z_1||s-z_2|\cdots|s-z_m|}=K \qquad (12.43)$$

$$\angle(s-p_1)+\cdots+\angle(s-p_n)-\angle(s-z_1)-\cdots-\angle(s-z_m)=N\pi$$

$$N=\pm 1, \pm 3, \cdots \qquad (12.44)$$

式(12.43)と式(12.44)をそれぞれ,ゲイン条件式,位相条件式といい,この二つの条件式を満たす s の値が特性根である. K を0から∞まで変化させたときの特性根の軌跡を根軌跡と呼ぶ.

例題 12.3 一巡伝達関数が $G(s)H(s)=K/s(s+1)$ で与えられる制御系の根軌跡を求めよ.

解 特性方程式は

$$1+\frac{K}{s(s+1)}=0 \qquad ①$$

であるから,分母を払ってつぎの2次方程式を得る.

$$s^2+s+K=0 \qquad ②$$

この解は

$$s=-\frac{1}{2}\pm\sqrt{\frac{1}{4}-K}, \quad 0\leq K\leq\frac{1}{4} \qquad ③$$

$$s=-\frac{1}{2}\pm j\sqrt{K-\frac{1}{4}}, \quad \frac{1}{4}<K \qquad ④$$

である.特性根は K の値の小さい最初のうちは2実根で, $K=1/4$ で重根$-1/2$ になった後,今度は実部の値$-1/2$ は変えないで虚部の値のみが変わる共役複素根となることが上式からわかる.軌跡は図12.9となる.

以上においては,実際に特性方程式を解いて調べた.つぎに,条件式(12.43),(12.44)を用いて根軌跡がどのようになるかを調べよう.ゲイン条件式(12.43)は

$$|s||s+1|=K \qquad ⑤$$

12.3 根軌跡法

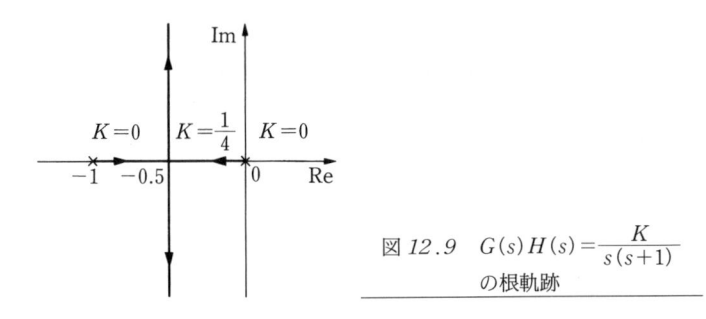

図 12.9 $G(s)H(s) = \dfrac{K}{s(s+1)}$ の根軌跡

また，位相条件式(12.44)は
$$\angle s + \angle(s+1) = \pm \pi \qquad ⑥$$
となる。$|s|$ は，原点 0 からの距離を，$|s+1|$ は $-1+j0$ からの距離を意味し，これらの積が K となるように特性根 s が移動することを表している。位相角 $\angle s$，$\angle(s+1)$ はそれぞれ中心を原点，$-1+j0$ とし，実軸正方向を基準に反時計回りを正としての角度を測る。式⑥を満たす s は，実軸上および $-0.5+j0$ を通り虚軸に平行な直線であることが図 12.10 よりわかる。

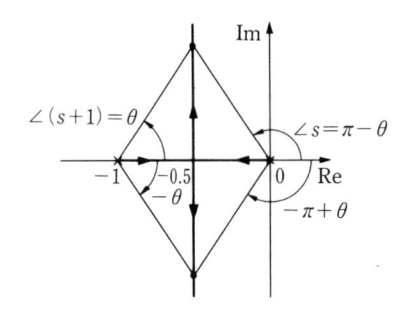

図 12.10 位相角 $\angle s$ と $\angle(s+1)$

まず，出発点であるが，これは式⑤に $K=0$ を代入して，実根 -1 と 0 であると計算できる。K の値が徐々に大きくなるに従って二つの特性根は実軸上を移動し分岐点にさしかかる。分岐点は特性根が重根になる場合であるから，特性方程式
$$s^2 + s + K = 0 \qquad ②再掲$$
を完全平方の形
$$\left(s + \dfrac{1}{2}\right)^2 = 0 \qquad ⑦$$
にすれば，$K=1/4$ のとき，重根 -0.5 をもつことがわかる。移動してきた二つの特性根は $-0.5+j0$ で分岐して実軸を離れ，虚軸に平行な直線上を移動していく。この

根軌跡からわかることは，つぎのことがらである．
 (a) K が正である限り，制御系はけっして不安定とならない．
 (b) $0 \leq K \leq 1/4$ では非振動的な応答をするが，$1/4 < K$ では振動的となる．
 (c) 減衰係数 ζ の値を指定すると，その値に対応する K の値を知ることができ，所望の減衰特性を有する制御系を設計することができる．

根軌跡は多くの情報を与えてくれるが，これを描くのはやっかいであることが上の例題からわかる．そこで，図式的な方法で根軌跡を描くために重要な手がかりとなる性質のいくつかを列挙しておこう．

(1) 実軸に対して対称

実係数の特性方程式の根が特性根であるから，複素根の場合必ずその共役根をもつ．

(2) $G(s)H(s)$ の極から出発して零点に到達する．

$K=0$ のときは，極 p_1，p_2，…，p_n と一致する．

$K=\infty$ のときは，m 個の特性根は零点 z_1，z_2，…，z_m へ収束し，残りの $n-m$ 個は無限遠へ発散する．

(3) 実軸上の軌跡は，その区間の右実軸上に奇数個の極，零点を数える部分である．

(4) 無限遠に発散する $n-m$ 個の特性根は，実軸からの傾きが

$$\theta = \frac{N\pi}{n-m}, \quad N = \pm 1, \pm 3, \cdots \qquad (12.45)$$

である漸近線に漸近する．これらの特性根を質点とみたてたときの重心は

$$\sigma_c = \frac{1}{n-m}\left(\sum_{i=1}^{n} p_i - \sum_{i=1}^{m} z_i\right) \qquad (12.46)$$

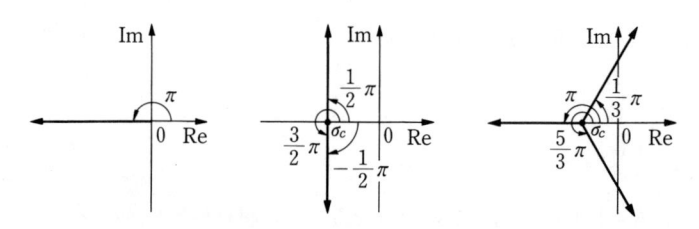

図 12.11 重心 σ_c と漸近線

となる。漸近線の様子を図 12.11 に示す。

（5）分岐点では

$$\frac{1}{s-p_1}+\cdots+\frac{1}{s-p_n}-\frac{1}{s-z_1}-\cdots-\frac{1}{s-z_m}=0 \qquad (12.47)$$

を満足する。

（6）虚軸との交点は，ラウス・フルビッツの安定判別法から求められる。

例題 12.4 上の性質（1）〜（6）までを使って，一巡伝達関数が

$$G(s)H(s)=\frac{K}{s(s+1)(s+2)} \qquad ①$$

の根軌跡を求めよ。

解 極，零点，次数差をまとめると，つぎのようになる。
$n-m=3$,
$p_1=0, \ p_2=-1, \ p_3=-2$

性質（3）から，まず，図 12.12 となる。図中，×印は極を表している。

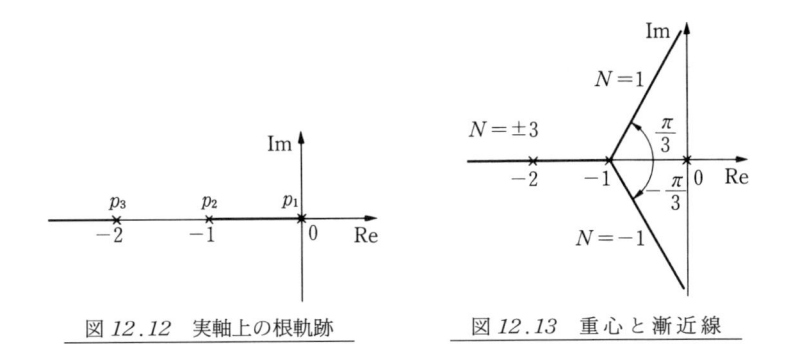

図 12.12 実軸上の根軌跡

図 12.13 重心と漸近線

性質（4）から漸近線の角度と重心を計算する。

$$\theta=\frac{N\pi}{3}, \quad N=\pm 1, \pm 3, \cdots \qquad ②$$

$$\sigma_c=\frac{1}{3}\sum_{i=1}^{3}p_i$$

$$=\frac{-3}{3}$$

$$=-1 \qquad ③$$

これらの値から漸近線を描くと図 12.13 となる。

性質(5)から分岐点を計算する。

$$\frac{1}{s-p_1}+\frac{1}{s-p_2}+\frac{1}{s-p_3}=0 \qquad ④$$

から

$$\frac{1}{s}+\frac{1}{s+1}+\frac{1}{s+2}=0$$

$$\frac{3s^2+6s+2}{s(s+1)(s+2)}=0 \qquad ⑤$$

となる。式⑤の方程式を解くと $s=-0.423, -1.577$ を得る。このうちの一つが分岐点である。先の検討においてわかっている実軸上の根軌跡の範囲を考慮すると、分岐点は

$$s=-0.423 \qquad ⑥$$

であると判断できる。続いて、$s=-0.423$ とする K の値を求める。特性方程式は

$$1+\frac{K}{s(s+1)(s+2)}=0 \qquad ⑦$$

であるから、K について解くと

$$K=-s(s+1)(s+2) \qquad ⑧$$

となり、$s=-0.423$ を代入して、$K=0.385$ を得る。したがって、分岐点は以下のようにまとめられる。

$$\text{分岐点}:\{K=0.385, \ s=-0.423\} \qquad ⑨$$

性質(6)から虚軸との交点を求める。特性方程式は

$$s^3+3s^2+2s+K=0 \qquad ⑩$$

であるから、ラウス表はつぎのようになる。

s^3 行   1   2
s^2 行   3 K
s^1 行 $\dfrac{6-K}{3}$
s^0 行 K

最左端の列に注目すると、安定限界となるのは、$K=0, 6$ のときで、$K=0$ は根軌跡の出発点であることから、虚軸と交差するのは $K=6$ であると判断する。そのときの s の値は、s^2 行より補助方程式をつくり計算することができる。

$$3s^2+K=0 \qquad ⑪$$

上式に $K=6$ を代入して解くと

$$s=\pm j\sqrt{2} \qquad ⑫$$

12.3 根軌跡法

を得るので，虚軸との交差点はつぎのようにまとめられる。

　　　虚軸との交点：$\{K=6,\ s=\pm j\sqrt{2}\}$　　　　　　　　　　　　　　⑬

以上より，根軌跡の概形を描くと図 12.14 が得られる。この根軌跡から，K が 6 を越すと不安定な根が現れ，$G(s)H(s)$ を一巡伝達関数としてもつ制御系は不安定になることがわかる。

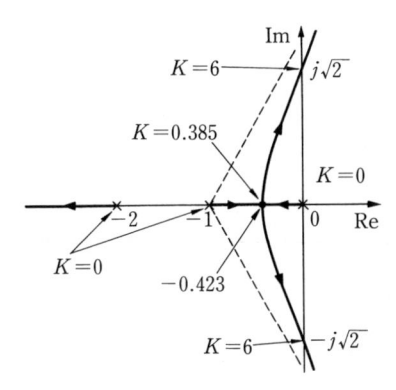

図 12.14　$G(s)H(s)=\dfrac{K}{s(s+1)(s+2)}$ の根軌跡

例題 12.5　一巡伝達関数が

$$G(s)H(s)=\dfrac{K(s+2)}{s(s+3)(s^2+2s+2)} \tag{①}$$

で与えられる制御系の根軌跡を求めよ。

解　まず，極，零点，次数差をまとめる。

$n-m=3,$
$p_1=0,\ p_2=-3,\ p_{3,4}=-1\pm j$
$z_1=-2$

性質(4)から，漸近線の角度と重心を計算する。

$$\theta=\dfrac{N\pi}{3},\quad N=\pm 1,\pm 3,\cdots \tag{②}$$

$$\sigma_c=\dfrac{1}{3}\left(\sum_{i=1}^{4}p_i-\sum_{i=1}^{1}z_i\right)$$
$$=\dfrac{1}{3}\{0+(-3)+(-1+j)+(-1-j)-(-2)\}$$
$$=-1 \tag{③}$$

性質(3)とあわせて考えると，図 12.15 となる。図中，×印は極を，○印は零点

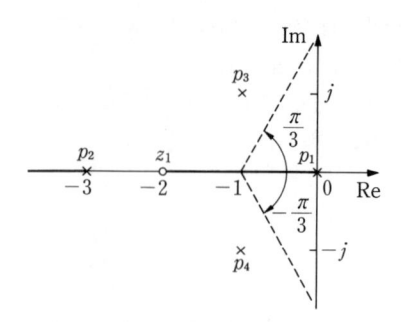

図 12.15 実軸上の区間と漸近線

を表しており，破線は漸近線を表している．性質(1)と(2)も考慮すれば，$K=0$ のときに $s=0$ である特性根は $K=\infty$ において零点の -2 に収束し，$K=0$ のときに -3 の特性根は，K が大きくなるにつれて実軸上を負の方向に移動し，やがて発散する．$\pm 60°$ の漸近線に沿って発散するのは，$K=0$ のときに $s=-1\pm j$ の値の共役複素根である．この二つの特性根の出発点における向き，すなわち，極 $p_{3,4}=-1\pm j$ を離れるときの角度は，位相条件 式(12.44)により，つぎのように計算することができる．

根軌跡上の任意の s に関して位相条件式は

$$\angle(s-p_1)+\angle(s-p_2)+\angle(s-p_3)+\angle(s-p_4)-\angle(s-z_1)=N\pi$$
$$N=\pm 1,\pm 3,\cdots \quad\quad ④$$

となる．ここで，図 12.16 に示すように極 p_3 から離れたばかりの，ごく近傍の特性根 s を考える．このとき，例えば，始点を p_1，終点を s とするベクトルは，始点を p_1，終点を p_3 とするベクトルに近似して扱うことができ，そのベクトルの実軸正方向を基準とする角度は 135° である．極 $p_3=-1+j$ を離れるときの角度を ϕ とするとき，式(12.60) は次式となる．

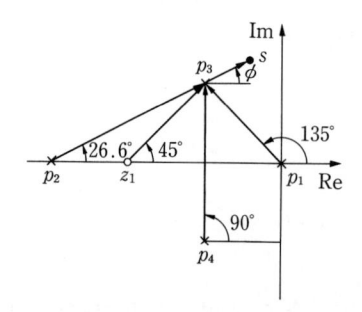

図 12.16 出発点の傾き

$$(135°+26.6°+\phi+90°)-45°=180°+360°\times k \qquad ⑤$$

上式において k は整数であり，この場合は，$k=0$ が適当である．したがって

$$\phi+206.6°=180°$$
$$\phi=-26.6° \qquad ⑥$$

と得られる．

性質(6)を用いて，虚軸との交点を先の例題と同じ要領で求めよう．特性方程式は

$$s(s+3)(s^2+2s+2)+K(s+2)=0$$
$$\therefore s^4+5s^3+8s^2+(6+K)s+2K=0 \qquad ⑦$$

であるから，ラウス表はつぎのようにつくられる．

s^4 行 　　1　　　　　　8　　　　　$2K$

s^3 行 　　5　　　　　　$6+K$　　0

s^2 行 　　$\dfrac{34-K}{5}$　　　　$2K$

s^1 行 　　$\dfrac{-K^2-22K+204}{34-K}$

s^0 行 　　$2K$

最左端の列の要素をゼロにする K の値は

$$34-K=0 \qquad ⑧$$
$$K^2+22K-204=0 \qquad ⑨$$
$$2K=0 \qquad ⑩$$

を解くことで求めることができ，$K=0$，7.03，34 となる．

この中で最も小さい値である $K=0$ は根軌跡の出発点であり，極 p_1 を指している．$0<K<7.03$ では，ラウス表の最左端の列のすべての要素は正となるから，この制御系は安定である．

安定限界となるのは，$K=7.03$ のときである．この場合，s^1 行の第1列がゼロ，すなわち s^1 行のすべての要素がゼロになり，このままでは s^0 行の計算ができなくなる．ある行の要素がすべてゼロとなるときは，4章に述べた手法を用いればよい．ラウス表はつぎのようにつくられる．

s^4 行 　　1　　　8　　　14.06

s^3 行	5	13.03	0
s^2 行	5.39	14.06	
s^1 行	10.78		
s^0 行	14.06		

最左端の列の要素はすべて正となり，制御系は安定であると判断している．しかし，安定限界も安定の中に入れており，虚軸上に特性根が存在する．このときの補助方程式は

$$5.39s^2+14.06=0 \qquad ⑪$$

で，この方程式の解 $s=\pm j1.62$ が虚軸との交点を与える．

$$\text{虚軸との交点：}\{K=7.03,\ s=\pm j1.62\} \qquad ⑫$$

さらに K が大きくなって，$7.03<K<34$ のときは，ラウス表の最左端の列の要素は上から順に，正，正，正，負，正となるから，符号は2回反転し，不安定な特性根が2個あることを示唆している．

$K=34$ の場合は，s^2 行の第1列がゼロ，第2列が68となる．s^1 行以降の計算ができなくなるから，この段階で手直しをしなくてはならない．ある行の要素がすべてゼロとなったのではなく，同じ行にゼロでない要素が存在する今回の場合は，今までのと処理方法が違うので注意を要する．まず，s^4 行の多項式 $D_1(s)=s^4+8s^2+68$ と，s^3 行の多項式 $D_2(s)=5s^3+40s$ の最大公約多項式 $d(s)$ を求める．$d(s)=1$ となるので，ゼロとなる要素を正の微小量 ε で置き換えてラウス表を完成させればよい．

s^4 行	1	8	68
s^3 行	5	40	0
s^2 行	ε	68	
s^1 行	$40-340/\varepsilon$		
s^0 行	68		

最左端の列は，ε が正で十分小さいとき，正，正，正，負，正となり，符号が2回変わるので2個の不安定根（安定限界である虚軸は含まない）があることを示している．実際，$K=34$ のときの特性根を計算してみると，$-4.45, -1.89, 0.67\pm j2.76$ であり，上記の結果は正しい．

$K>34$ になると，ラウス表の最左端の列の要素は上から順に，正，正，負，正，

正となり，先の符号反転の様子と変わるものの，反転回数は同じく2回であり，不安定な特性根が2個あることに変わりはない。根軌跡の出発点の様子，漸近線および根軌跡が虚軸と交わる点を詳しく描くと図 *12.17* となる。最後に根軌跡の全体図を図 *12.18* に示す。

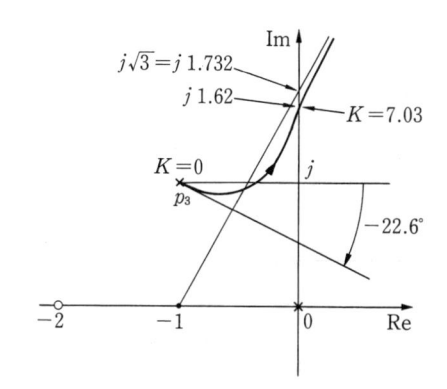

図 *12.17* 出発点の傾きと虚軸を切るときの値

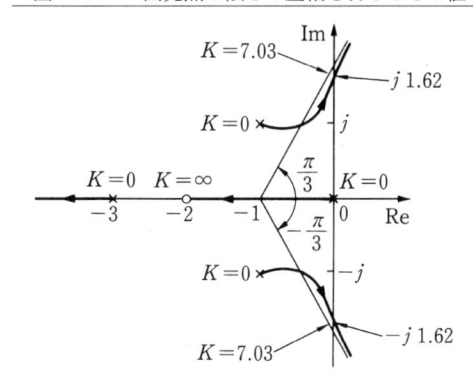

図 *12.18* $G(s)H(s) = \dfrac{K(s+2)}{s(s+3)(s^2+2s+2)}$ の根軌跡

演 習 問 題

〔1〕 例題 *12.2* を計算せよ。
〔2〕 式(*12.18*)を導出せよ。

参 考 文 献

〔1〕 示村悦二郎：自動制御とはなにか，コロナ社（1990）
〔2〕 藤川英司，森泰親，鈴木勝正，富田久雄，重政隆：制御理論の基礎と応用，産業図書（1995）
〔3〕 古田勝久，佐野昭：基礎システム理論，コロナ社（1978）
〔4〕 中野道雄，美多勉：制御基礎理論［古典から現代まで］，昭晃堂（1982）
〔5〕 長谷川健介：基礎制御理論［I］，昭晃堂（1981）
〔6〕 片山徹：フィードバック制御の基礎，朝倉書店（1991）
〔7〕 示村悦二郎：線形システム解析入門，コロナ社（1987）
〔8〕 田中幹也，石川昌明，浪花智英：現代制御の基礎，森北出版（1999）
〔9〕 安部可治：パワーエレクトロニクスとシステム制御，オーム社（1991）
〔10〕 大須賀公一：制御工学，共立出版（1995）
〔11〕 今井弘之，竹口知男，能勢和夫：やさしく学べる制御工学，森北出版（2000）
〔12〕 杉江俊治，藤田政之：フィードバック制御入門，コロナ社（1999）
〔13〕 計測自動制御学会編，児玉慎三，須田信英：システム制御のためのマトリクス理論，コロナ社（1978）
〔14〕 伊藤正美：システム制御理論，昭晃堂（1973）
〔15〕 計測自動制御学会編，伊藤正美，木村英紀，細江繁幸：線形制御系の設計理論，コロナ社（1978）
〔16〕 小郷寛，美多勉：システム制御理論入門，実教出版（1979）
〔17〕 坂和愛幸：線形システム制御論，朝倉書店（1972）
〔18〕 川崎直哉，示村悦二郎：指定領域に極を配置する状態フィードバック則の設計法，計測自動制御学会論文集，**15**-4，pp.451-457（1979）
〔19〕 示村悦二郎，川崎直哉：最適レギュレータ問題と極配置，計測と制御，**22**-3，pp.282-290（1983）
〔20〕 川崎直哉，示村悦二郎：主要極配置を考慮した選択的折り返し設計法，電気学会論文誌 C，**108**-1，pp.55-62（1988）
〔21〕 森泰親，示村悦二郎：線形離散時間系において固有値を指定領域に配置する状態フィードバック則の設計，計測自動制御学会論文集，**16**-2，pp.147-

153 (1980)
〔22〕 森泰親, 藤田政之, 川崎直哉, 示村悦二郎:線形離散時間系における選択的折り返し法とその適用事例, 計測自動制御学会論文集, **26**-7, pp.842-844 (1990)
〔23〕 嘉納秀明, 江原信郎, 小林博明, 小野治:動的システムの解析と制御, コロナ社 (1992)
〔24〕 北森俊行:連続時間制御と離散時間制御理論の融合, 計測と制御, **22**-7, pp.599-605 (1983)
〔25〕 北森俊行:制御対象の部分的知識に基づく制御系の設計法, 計測自動制御学会論文集, **15**-4, pp.549-555 (1979)
〔26〕 北森俊行:PID, I-PD 制御からの発展の道, システムと制御, **27**-5, pp.287-294 (1983)
〔27〕 森泰親, 重政隆, 北森俊行:異なるサンプリング周期を有するサンプル値非干渉制御系の設計法, 計測自動制御学会論文集, **20**-4, pp.300-306 (1984)
〔28〕 北森俊行:制御系の設計, オーム社 (1991)

演習問題解答

3 章

〔1〕

$$A = \begin{bmatrix} 10 & 18 \\ -10 & -17 \end{bmatrix} \tag{1}$$

であるから，$(sI-A)^{-1}$ はつぎのように計算される。

$$(sI-A)^{-1} = \begin{bmatrix} s-10 & -18 \\ 10 & s+17 \end{bmatrix}^{-1} = \frac{1}{s^2+7s+10} \begin{bmatrix} s+17 & 18 \\ -10 & s-10 \end{bmatrix}$$

$$= \begin{bmatrix} \dfrac{5}{s+2} + \dfrac{-4}{s+5} & \dfrac{6}{s+2} + \dfrac{-6}{s+5} \\ \dfrac{-(10/3)}{s+2} + \dfrac{10/3}{s+5} & \dfrac{-4}{s+2} + \dfrac{5}{s+5} \end{bmatrix} \tag{2}$$

式(2)をラプラス逆変換して，状態遷移行列を得る。

$$e^{At} = \mathcal{L}^{-1} \begin{bmatrix} \dfrac{5}{s+2} + \dfrac{-4}{s+5} & \dfrac{6}{s+2} + \dfrac{-6}{s+5} \\ \dfrac{-(10/3)}{s+2} + \dfrac{10/3}{s+5} & \dfrac{-4}{s+2} + \dfrac{5}{s+5} \end{bmatrix}$$

$$= \begin{bmatrix} 5e^{-2t} - 4e^{-5t} & 6e^{-2t} - 6e^{-5t} \\ -\dfrac{10}{3}e^{-2t} + \dfrac{10}{3}e^{-5t} & -4e^{-2t} + 5e^{-5t} \end{bmatrix} \tag{3}$$

〔2〕 まず，e^{At} を計算しよう。

$$(sI-A)^{-1} = \begin{bmatrix} s+5 & -4 \\ 5 & s-3 \end{bmatrix}^{-1} = \frac{1}{(s+5)(s-3)+20} \begin{bmatrix} s-3 & 4 \\ -5 & s+5 \end{bmatrix}$$

$$= \begin{bmatrix} \dfrac{s-3}{s^2+2s+5} & \dfrac{4}{s^2+2s+5} \\ \dfrac{-5}{s^2+2s+5} & \dfrac{s+5}{s^2+2s+5} \end{bmatrix} \tag{1}$$

となるから，これをラプラス逆変換して

$$e^{At} = \mathcal{L}^{-1}[(sI-A)^{-1}]$$

$$= \mathcal{L}^{-1} \begin{bmatrix} \dfrac{s+1}{(s+1)^2+2^2} - 2\dfrac{2}{(s+1)^2+2^2} & 2\dfrac{2}{(s+1)^2+2^2} \\ -\dfrac{5}{2} \cdot \dfrac{2}{(s+1)^2+2^2} & \dfrac{s+1}{(s+1)^2+2^2} + 2\dfrac{2}{(s+1)^2+2^2} \end{bmatrix}$$

$$= \begin{bmatrix} e^{-t}(\cos 2t - 2\sin 2t) & 2e^{-t}\sin 2t \\ -\dfrac{5}{2}e^{-t}\sin 2t & e^{-t}(\cos 2t + 2\sin 2t) \end{bmatrix} \tag{2}$$

を得る。したがって

$$x(t) = e^{At}x_0 + \int_0^t e^{A(t-\tau)}bu(\tau)\,d\tau$$

$$= \begin{bmatrix} e^{-t}(\cos 2t - 2\sin 2t) & 2e^{-t}\sin 2t \\ -\dfrac{5}{2}e^{-t}\sin 2t & e^{-t}(\cos 2t + 2\sin 2t) \end{bmatrix} \begin{bmatrix} 1 \\ 0 \end{bmatrix}$$

$$+ \int_0^t \begin{bmatrix} e^{-(t-\tau)}(\cos 2(t-\tau) - 2\sin 2(t-\tau)) & 2e^{-(t-\tau)}\sin 2(t-\tau) \\ -\dfrac{5}{2}e^{-(t-\tau)}\sin 2(t-\tau) & e^{-(t-\tau)}(\cos 2(t-\tau) + 2\sin 2(t-\tau)) \end{bmatrix}$$

$$\times \begin{bmatrix} 1 \\ 1 \end{bmatrix} d\tau$$

$$= \begin{bmatrix} e^{-t}(\cos 2t - 2\sin 2t) \\ -\dfrac{5}{2}e^{-t}\sin 2t \end{bmatrix} + \int_0^t \begin{bmatrix} e^{-(t-\tau)}\cos 2(t-\tau) \\ e^{-(t-\tau)}\left(\cos 2(t-\tau) - \dfrac{1}{2}\sin 2(t-\tau)\right) \end{bmatrix} d\tau \tag{3}$$

と求められる。ここで，右辺第2項の積分を一つずつ行う。$t-\tau=\eta$ で変数変換を行うと

$$\int_0^t e^{-(t-\tau)}\cos 2(t-\tau)\,d\tau = -\int_t^0 e^{-\eta}\cos 2\eta\,d\eta = \int_0^t e^{-\eta}\cos 2\eta\,d\eta \tag{4}$$

となる。式(4)を部分積分する。

$$\int_0^t e^{-\eta}\cos 2\eta\,d\eta = [-e^{-\eta}\cos 2\eta]_0^t - \int_0^t (-e^{-\eta})(-2\sin 2\eta))\,d\eta$$

$$= [-e^{-\eta}\cos 2\eta]_0^t - [-2e^{-\eta}\sin 2\eta]_0^t - \int_0^t 4e^{-\eta}\cos 2\eta\,d\eta$$

$$= -e^{-t}\cos 2t + 1 + 2e^{-t}\sin 2t - 4\int_0^t e^{-\eta}\cos 2\eta\,d\eta \tag{5}$$

よって，次式が導出される。

$$5\int_0^t e^{-\eta}\cos 2\eta\,d\eta = 1 - e^{-t}\cos 2t + 2e^{-t}\sin 2t$$

$$\therefore \int_0^t e^{-\eta}\cos 2\eta\,d\eta = \dfrac{1}{5}(1 - e^{-t}\cos 2t + 2e^{-t}\sin 2t) \tag{6}$$

同様に $t-\tau=\eta$ で変数変換して部分積分すれば，以下のようになる。

$$\int_0^t e^{-(t-\tau)}\frac{1}{2}\sin 2(t-\tau)\,d\tau = \int_0^t e^{-\eta}\frac{1}{2}\sin 2\eta\,d\eta$$

$$= \left[-e^{-\eta}\frac{1}{2}\sin 2\eta\right]_0^t - \int_0^t (-e^{-\eta}\cos 2\eta)\,d\eta$$

$$= -\frac{1}{2}e^{-t}\sin 2t + [-e^{-\eta}\cos 2\eta]_0^t$$

$$- \int_0^t (-e^{-\eta}(-2\sin 2\eta))\,d\eta$$

$$= -\frac{1}{2}e^{-t}\sin 2t - e^{-t}\cos 2t + 1$$

$$- 4\int_0^t e^{-\eta}\frac{1}{2}\sin 2\eta\,d\eta \tag{7}$$

よって

$$5\int_0^t e^{-\eta}\frac{1}{2}\sin 2\eta\,d\eta = 1 - e^{-t}\cos 2t - \frac{1}{2}e^{-t}\sin 2t \tag{8}$$

となるから

$$\int_0^t e^{-\eta}\frac{1}{2}\sin 2\eta\,d\eta = \frac{1}{10}(2 - 2e^{-t}\cos 2t - e^{-t}\sin 2t) \tag{9}$$

が導出される。式(6)と式(9)から

$$\int_0^t e^{-\eta}\left(\cos 2\eta - \frac{1}{2}\sin 2\eta\right)d\eta = \frac{1}{5}(1 - e^{-t}\cos 2t + 2e^{-t}\sin 2t)$$

$$- \frac{1}{10}(2 - 2e^{-t}\cos 2t - e^{-t}\sin 2t)$$

$$= \frac{1}{2}e^{-t}\sin 2t \tag{10}$$

となる。よって，式(3)は式(6)と式(10)を代入することでつぎのように計算できる。

$$x(t) = \begin{bmatrix} e^{-t}(\cos 2t - 2\sin 2t) \\ -\frac{5}{2}e^{-t}\sin 2t \end{bmatrix} + \begin{bmatrix} \frac{1}{5}(1 - e^{-t}\cos 2t + 2e^{-t}\sin 2t) \\ \frac{1}{2}e^{-t}\sin 2t \end{bmatrix}$$

$$= \begin{bmatrix} \frac{1}{5} + \frac{4}{5}e^{-t}(\cos 2t - 2\sin 2t) \\ -2e^{-t}\sin 2t \end{bmatrix} \tag{11}$$

4 章

〔1〕 特性方程式

$$s^3 + 9s^2 + Ks + 60 = 0 \tag{1}$$

より，ラウス表を作成する．

s^3 行 　1　　K
s^2 行 　9　　60
s^1 行 　$\dfrac{9K-60}{9}$　　0
s^0 行 　60

よって，安定となるためには

$$\dfrac{9K-60}{9}>0 \tag{2}$$

であるから，これを解いて

$$K>\dfrac{60}{9} \tag{3}$$

を得る．

〔2〕 ラウス表を作成すると，つぎのようになる．

s^6 行 　1　　2　　5　　20
s^5 行 　6　　18　　24
s^4 行 　-1　　1　　20
s^3 行 　24　　144
s^2 行 　7　　20
s^1 行 　$\dfrac{528}{7}$
s^0 行 　20

完成したラウス表の第1列の符号の変化は2回あるので，このシステムには不安定な特性根が2個あると判断できる．じつは，特性根は

$$-6.144,\ -0.680,\ -0.320\pm j1.490,\ 0.732\pm j1.236$$

であって，4個の安定根と，2個の不安定根からなっている．

ラウス表をつくるとき，計算する手間を減らすために，一つの行に正の数をかけたり，正の数で割ったりして構わない．s^5 行は，6の倍数がそろったので，6で割ることにすれば

s^6 行　1　2　5　20
s^5 行　6　18　24
　　　　　1　3　4　$\Big\}\div 6$

となる．こうして計算を続けると

s^6 行　1　2　5　20
s^5 行　1　3　4
s^4 行　-1　1　20

s^3 行　4　24

となるので，再び s^3 行を4で割ることにする．

s^6 行　1　2　5　20
s^5 行　1　3　4
s^4 行　−1　1　20
s^3 行　1　6
s^2 行　7　20
s^1 行　$\dfrac{22}{7}$
s^0 行　20

こうしても結果に変化はなく，符号変化の回数は2回である．

〔3〕
$$\ddot{x}+\dot{x}+2x=0 \tag{1}$$
において，$x=x_1$，$\dot{x}=x_2$ とすれば
$$\dot{x}_1=x_2, \quad \dot{x}_2=-2x_1-x_2 \tag{2}$$
となるから，状態方程式はつぎのようになる．
$$\dot{x}(t)=\begin{bmatrix} 0 & 1 \\ -2 & -1 \end{bmatrix}x(t) \tag{3}$$

Q を単位行列として式(4.72)を解く．
$$\begin{bmatrix} 0 & -2 \\ 1 & -1 \end{bmatrix}\begin{bmatrix} p_{11} & p_{12} \\ p_{21} & p_{22} \end{bmatrix}+\begin{bmatrix} p_{11} & p_{12} \\ p_{21} & p_{22} \end{bmatrix}\begin{bmatrix} 0 & 1 \\ -2 & -1 \end{bmatrix}=-\begin{bmatrix} 1 & 0 \\ 0 & 1 \end{bmatrix} \tag{4}$$

式(4)は
$$-2p_{12}-2p_{21}=-1 \tag{5}$$
$$p_{11}-p_{12}-2p_{22}=0 \tag{6}$$
$$p_{11}-p_{21}-2p_{22}=0 \tag{7}$$
$$p_{12}+p_{21}-2p_{22}=-1 \tag{8}$$
であるから，これを解くと
$$p_{11}=\frac{7}{4}, \quad p_{12}=p_{21}=\frac{1}{4}, \quad p_{22}=\frac{3}{4} \tag{9}$$
を得る．したがって，リアプノフ方程式(4)の解はつぎのようになる．
$$P=\begin{bmatrix} \dfrac{7}{4} & \dfrac{1}{4} \\ \dfrac{1}{4} & \dfrac{3}{4} \end{bmatrix} \tag{10}$$

解 P は対称行列で

$$\frac{7}{4}>0, \quad \begin{vmatrix} \frac{7}{4} & \frac{1}{4} \\ \frac{1}{4} & \frac{3}{4} \end{vmatrix} = \frac{5}{4} > 0 \tag{11}$$

であるから，正定である．よって，このシステムは漸近安定である．

5　章

〔1〕 まず

$$A = \begin{bmatrix} 1 & 1 & 0 \\ 2 & 0 & 0 \\ 3 & 1 & 1 \end{bmatrix} \tag{1}$$

の固有値を計算する．$|sI-A|=0$ より

$$\begin{vmatrix} s-1 & -1 & 0 \\ -2 & s & 0 \\ -3 & -1 & s-1 \end{vmatrix} = (s-1)(s+1)(s-2) = 0 \tag{2}$$

となるから，固有値は，$\lambda_1=1$, $\lambda_2=-1$, $\lambda_3=2$ である．つぎに固有ベクトルを求める．

$$(\lambda_1 I - A) v_1 = \begin{bmatrix} 0 & -1 & 0 \\ -2 & 1 & 0 \\ -3 & -1 & 0 \end{bmatrix} \begin{bmatrix} p \\ q \\ r \end{bmatrix} = 0 \tag{3}$$

より，$v_1 = [0\ 0\ 1]^T$ と求められる．同様に

$$(\lambda_2 I - A) v_2 = \begin{bmatrix} -2 & -1 & 0 \\ -2 & -1 & 0 \\ -3 & -1 & -2 \end{bmatrix} \begin{bmatrix} p \\ q \\ r \end{bmatrix} = 0 \tag{4}$$

より，$v_2 = [-2\ 4\ 1]^T$，また

$$(\lambda_3 I - A) v_3 = \begin{bmatrix} 1 & -1 & 0 \\ -2 & 2 & 0 \\ -3 & -1 & 1 \end{bmatrix} \begin{bmatrix} p \\ q \\ r \end{bmatrix} = 0 \tag{5}$$

より，$v_3 = [1\ 1\ 4]^T$ と求められる．以上より，行列 A を対角に変換する行列は

$$T = (v_1\ v_2\ v_3) = \begin{bmatrix} 0 & -2 & 1 \\ 0 & 4 & 1 \\ 1 & 1 & 4 \end{bmatrix} \tag{6}$$

となる。

$$T^{-1} = \begin{bmatrix} -\frac{5}{2} & -\frac{3}{2} & 1 \\ -\frac{1}{6} & \frac{1}{6} & 0 \\ \frac{2}{3} & \frac{1}{3} & 0 \end{bmatrix} \tag{7}$$

であるから，行列 A はつぎのように対角化される。

$$\tilde{A} = T^{-1}AT$$

$$= \begin{bmatrix} -\frac{5}{2} & -\frac{3}{2} & 1 \\ -\frac{1}{6} & \frac{1}{6} & 0 \\ \frac{2}{3} & \frac{1}{3} & 0 \end{bmatrix} \begin{bmatrix} 1 & 1 & 0 \\ 2 & 0 & 0 \\ 3 & 1 & 1 \end{bmatrix} \begin{bmatrix} 0 & -2 & 1 \\ 0 & 4 & 1 \\ 1 & 1 & 4 \end{bmatrix}$$

$$= \begin{bmatrix} -\frac{5}{2} & -\frac{3}{2} & 1 \\ -\frac{1}{6} & \frac{1}{6} & 0 \\ \frac{2}{3} & \frac{1}{3} & 0 \end{bmatrix} \begin{bmatrix} 0 & 2 & 2 \\ 0 & -4 & 2 \\ 1 & -1 & 8 \end{bmatrix} = \begin{bmatrix} 1 & 0 & 0 \\ 0 & -1 & 0 \\ 0 & 0 & 2 \end{bmatrix} \tag{8}$$

〔2〕 (a) 伝達関数を計算する。

$$G(s) = c(sI - A)^{-1}b = \begin{bmatrix} 2 & 1 & 4 \end{bmatrix} \begin{bmatrix} s+1 & 3 & 5 \\ 0 & s+5 & 6 \\ 0 & -3 & s-4 \end{bmatrix}^{-1} \begin{bmatrix} 4 \\ 2 \\ -1 \end{bmatrix}$$

$$= \frac{6(s-1)(s+2)}{(s+1)(s-1)(s+2)} \tag{1}$$

このシステムは3次であるから，伝達関数表現した場合その分母の次数は3となる。式(1)から，二つの安定な極と一つの不安定な極を有することがわかる。伝達関数の分子に着目すれば，零点は二つ存在し，それらは極の値とまったく同じである。すなわち，極－零の相殺が起こっており，このシステムは，不可制御または不可観測，あるいはその両方であると判断される。

(b) 可制御性行列を計算する。

$$U_c = [b \quad Ab \quad A^2 b] = \begin{bmatrix} 4 & -5 & 7 \\ 2 & -4 & 8 \\ -1 & 2 & -4 \end{bmatrix} \tag{2}$$

$|U_c|=0$ より不可制御である。

（c） 可観測性行列を計算する。

$$U_o = \begin{bmatrix} c \\ cA \\ cA^2 \end{bmatrix} = \begin{bmatrix} 2 & 1 & 4 \\ -2 & 1 & 0 \\ 2 & 1 & 4 \end{bmatrix} \tag{3}$$

$|U_o|=0$ より不可観測である。

以上より，このシステムは，不可制御かつ不可観測であることがわかった。

〔3〕 対角正準形に変換すれば，さらに詳しく知ることができる。

$$|sI-A| = (s+1)(s-1)(s+2) \tag{1}$$

であるから，$\lambda_1 = -1$, $\lambda_2 = 1$, $\lambda_3 = -2$ とおく。以下において，それぞれの固有値に対応する固有ベクトルを求める。

$(\lambda_1 I - A)v_1 = 0$ より

$$\left\{ \begin{bmatrix} -1 & 0 & 0 \\ 0 & -1 & 0 \\ 0 & 0 & -1 \end{bmatrix} - \begin{bmatrix} -1 & -3 & -5 \\ 0 & -5 & -6 \\ 0 & 3 & 4 \end{bmatrix} \right\} v_1 = \begin{bmatrix} 0 & 3 & 5 \\ 0 & 4 & 6 \\ 0 & -3 & -5 \end{bmatrix} v_1 = 0 \tag{2}$$

となるから，v_1 の第1要素を1にとって，$v_1 = (1 \ 0 \ 0)^T$ と求められる。

同様に，$(\lambda_2 I - A)v_2 = 0$ より

$$\left\{ \begin{bmatrix} 1 & 0 & 0 \\ 0 & 1 & 0 \\ 0 & 0 & 1 \end{bmatrix} - \begin{bmatrix} -1 & -3 & -5 \\ 0 & -5 & -6 \\ 0 & 3 & 4 \end{bmatrix} \right\} v_2 = \begin{bmatrix} 2 & 3 & 5 \\ 0 & 6 & 6 \\ 0 & -3 & -3 \end{bmatrix} v_2 = 0 \tag{3}$$

となるので，v_2 の第1要素を1にとって，$v_2 = (1 \ 1 \ -1)^T$ と求められる。

また，v_3 についても同様にして

$$\left\{ \begin{bmatrix} -2 & 0 & 0 \\ 0 & -2 & 0 \\ 0 & 0 & -2 \end{bmatrix} - \begin{bmatrix} -1 & -3 & -5 \\ 0 & -5 & -6 \\ 0 & 3 & 4 \end{bmatrix} \right\} v_3 = \begin{bmatrix} -1 & 3 & 5 \\ 0 & 3 & 6 \\ 0 & -3 & -6 \end{bmatrix} v_3 = 0 \tag{4}$$

から，$v_3 = (1 \ 2 \ -1)^T$ となる。

よって，対角変換行列はつぎのようになる。

$$T = (v_1 \quad v_2 \quad v_3) = \begin{bmatrix} 1 & 1 & 1 \\ 0 & 1 & 2 \\ 0 & -1 & -1 \end{bmatrix} \tag{5}$$

また,この行列の逆行列を計算しておく。

$$T^{-1} = \begin{bmatrix} 1 & 0 & 1 \\ 0 & -1 & -2 \\ 0 & 1 & 1 \end{bmatrix} \tag{6}$$

座標変換を施すと

$$\tilde{A} = T^{-1}AT = \begin{bmatrix} 1 & 0 & 1 \\ 0 & -1 & -2 \\ 0 & 1 & 1 \end{bmatrix} \begin{bmatrix} -1 & -3 & -5 \\ 0 & -5 & -6 \\ 0 & 3 & 4 \end{bmatrix} \begin{bmatrix} 1 & 1 & 1 \\ 0 & 1 & 2 \\ 0 & -1 & -1 \end{bmatrix} = \begin{bmatrix} -1 & 0 & 0 \\ 0 & 1 & 0 \\ 0 & 0 & -2 \end{bmatrix} \tag{7}$$

$$\tilde{b} = T^{-1}b = \begin{bmatrix} 1 & 0 & 1 \\ 0 & -1 & -2 \\ 0 & 1 & 1 \end{bmatrix} \begin{bmatrix} 4 \\ 2 \\ -1 \end{bmatrix} = \begin{bmatrix} 3 \\ 0 \\ 1 \end{bmatrix} \tag{8}$$

$$\tilde{c} = cT = \begin{bmatrix} 2 & 1 & 4 \end{bmatrix} \begin{bmatrix} 1 & 1 & 1 \\ 0 & 1 & 2 \\ 0 & -1 & -1 \end{bmatrix} = \begin{bmatrix} 2 & -1 & 0 \end{bmatrix} \tag{9}$$

となり,つぎの対角正準形を得る。

$$\dot{z}(t) = \begin{bmatrix} -1 & 0 & 0 \\ 0 & 1 & 0 \\ 0 & 0 & -2 \end{bmatrix} z(t) + \begin{bmatrix} 3 \\ 0 \\ 1 \end{bmatrix} u(t) \tag{10}$$

$$y(t) = \begin{bmatrix} 2 & -1 & 0 \end{bmatrix} z(t) \tag{11}$$

上のシステムにおいて,$\tilde{b}_2=0$ なので,操作量 $u(t)$ の影響をモード $z_2(t)$ は受けない。したがって,不安定なモード $z_2(t)$ は不可制御である。また,$\tilde{c}_3=0$ であることから,安定なモード $z_3(t)$ は不可観測であることがわかる。このように対角正準形に変換することで,より詳しく内部の構造を知ることができた。

6章

〔1〕 インパルス応答のラプラス変換が伝達関数である。
$$G(s) = Y(s) = \mathcal{L}[y(t)] = 4\mathcal{L}[e^{-2t}] + 3\mathcal{L}[e^{-5t}]$$

$$= \frac{4}{s+2} + \frac{3}{s+5} = \frac{7s+26}{(s+2)(s+5)}$$

〔2〕 伝達関数のラプラス逆変換がインパルス応答である。

$$y(t) = \mathcal{L}^{-1}[G(s)] = \mathcal{L}^{-1}\left[\frac{4s+1}{(s+2)(s+3)}\right] \tag{1}$$

上式を部分分数に展開する。

$$G(s) = \frac{4s+1}{(s+2)(s+3)} = \frac{a}{s+2} + \frac{b}{s+3} \tag{2}$$

とするとき，分子の a, b は，展開定理から，つぎのように計算できる。

$$a = (s+2)G(s)|_{s=-2} = \frac{4s+1}{s+3}\bigg|_{s=-2} = -7 \tag{3}$$

$$b = (s+3)G(s)|_{s=-3} = \frac{4s+1}{s+2}\bigg|_{s=-3} = 11 \tag{4}$$

したがって

$$\begin{aligned} y(t) = \mathcal{L}^{-1}[G(s)] &= -7\mathcal{L}^{-1}\left[\frac{1}{s+2}\right] + 11\mathcal{L}^{-1}\left[\frac{1}{s+3}\right] \\ &= -7e^{-2t} + 11e^{-3t} \end{aligned} \tag{5}$$

と求められる。

〔3〕 ステップ応答 $y(t)$ のラプラス変換を $Y(s)$ とすると，単位ステップ関数をラプラス変換したのも $1/s$ であるから

$$\frac{Y(s)}{1/s} = G(s) = \frac{4s+1}{(s+2)(s+3)} \tag{1}$$

でなければならない。したがって

$$Y(s) = G(s)\frac{1}{s} = \frac{4s+1}{s(s+2)(s+3)} \tag{2}$$

である。ここで，部分分数に展開する。

$$\frac{4s+1}{s(s+2)(s+3)} = \frac{a}{s} + \frac{b}{s+2} + \frac{c}{s+3} \tag{3}$$

とおくとき，分子はつぎのように計算される。

$$a = \frac{4s+1}{(s+2)(s+3)}\bigg|_{s=0} = \frac{1}{6}, \quad b = \frac{4s+1}{s(s+3)}\bigg|_{s=-2} = \frac{7}{2}, \quad c = \frac{4s+1}{s(s+2)}\bigg|_{s=-3} = -\frac{11}{3}$$

よって

$$\begin{aligned} y(t) = \mathcal{L}^{-1}[Y(s)] &= \frac{1}{6}\mathcal{L}^{-1}\left[\frac{1}{s}\right] + \frac{7}{2}\mathcal{L}^{-1}\left[\frac{1}{s+2}\right] - \frac{11}{3}\mathcal{L}^{-1}\left[\frac{1}{s+3}\right] \\ &= \frac{1}{6} + \frac{7}{2}e^{-2t} - \frac{11}{3}e^{-3t} \end{aligned} \tag{4}$$

となる。

〔4〕 伝達関数を式(6.43)，(6.44)にならって，二つに分けて表現する。

$$\frac{Y_1(s)}{U(s)} = \frac{1}{s^3+7s^2+18s+24} \tag{1}$$

$$\frac{Y(s)}{Y_1(s)} = 2s+5 \tag{2}$$

新しい変数 $x_1(t)$, $x_2(t)$, $x_3(t)$ をつぎのように定義する.

$$y_1(t) = x_1(t), \tag{3}$$

$$\dot{y}_1(t) = \dot{x}_1(t) = x_2(t), \tag{4}$$

$$\ddot{y}_1(t) = \dot{x}_2(t) = x_3(t) \tag{5}$$

このとき,式(1)は,

$$\dot{x}_3(t) = -24x_1(t) - 18x_2(t) - 7x_3(t) + u(t) \tag{6}$$

となる.また,式(2)は,

$$y(t) = 5x_1(t) + 2x_2(t) \tag{7}$$

となるから,これらを行列とベクトルを使ってまとめることで状態方程式を導くことができる.

$$\begin{bmatrix} \dot{x}_1(t) \\ \dot{x}_2(t) \\ \dot{x}_3(t) \end{bmatrix} = \begin{bmatrix} 0 & 1 & 0 \\ 0 & 0 & 1 \\ -24 & -18 & -7 \end{bmatrix} \begin{bmatrix} x_1(t) \\ x_2(t) \\ x_3(t) \end{bmatrix} + \begin{bmatrix} 0 \\ 0 \\ 1 \end{bmatrix} u(t) \tag{8}$$

$$y(t) = \begin{bmatrix} 5 & 2 & 0 \end{bmatrix} \begin{bmatrix} x_1(t) \\ x_2(t) \\ x_3(t) \end{bmatrix} \tag{9}$$

つぎに,式(8)と式(9)から伝達関数を計算しよう.

$$(sI-A)^{-1} = \left[\begin{bmatrix} s & 0 & 0 \\ 0 & s & 0 \\ 0 & 0 & s \end{bmatrix} - \begin{bmatrix} 0 & 1 & 0 \\ 0 & 0 & 1 \\ -24 & -18 & -7 \end{bmatrix} \right]^{-1} = \begin{bmatrix} s & -1 & 0 \\ 0 & s & -1 \\ 24 & 18 & s+7 \end{bmatrix}^{-1}$$

$$= \frac{1}{s^3+7s^2+18s+24} \begin{bmatrix} s^2+7s+18 & s+7 & 1 \\ -24 & s^2+7s & s \\ -24s & -18s-24 & s^2 \end{bmatrix} \tag{10}$$

であるから

$$G(s) = c(sI-A)^{-1}b$$

$$= \begin{bmatrix} 5 & 2 & 0 \end{bmatrix} \frac{1}{s^3+7s^2+18s+24} \begin{bmatrix} s^2+7s+18 & s+7 & 1 \\ -24 & s^2+7s & s \\ -24s & -18s-24 & s^2 \end{bmatrix} \begin{bmatrix} 0 \\ 0 \\ 1 \end{bmatrix}$$

$$= \frac{1}{s^3+7s^2+18s+24}[5\ 2\ 0]\begin{bmatrix}1\\s\\s^2\end{bmatrix}=\frac{2s+5}{s^3+7s^2+18s+24} \quad (11)$$

となり,元に戻った。

7 章

〔1〕 この場合の定常偏差は式(7.8)で与えられている。

$$e(\infty)=\frac{R}{1+\lim_{s\to 0}G(s)H(s)} \quad (1)$$

ここで,$R=5$ および

$$\lim_{s\to 0}G(s)H(s)=\lim_{s\to 0}\frac{2s+5}{s^3+7s^2+18s+24}=\frac{5}{24} \quad (2)$$

であるから

$$e(\infty)=\frac{5}{1+5/24}=\frac{120}{29} \quad (3)$$

となる。

〔2〕 上の問題と同じように計算すればよい。

$$\lim_{s\to 0}G(s)H(s)=\lim_{s\to 0}\frac{K(s+8)}{(s+1)(s+2)(s+5)}=\frac{4K}{5} \quad (1)$$

となるので,定常偏差はつぎのようになる。

$$e(\infty)=\frac{2}{1+(4K/5)}=\frac{10}{4K+5} \quad (2)$$

〔3〕 これも上の問題と同じように計算すればよい。

$$\lim_{s\to 0}G(s)H(s)=\lim_{s\to 0}\frac{100(s+3)}{s(s+1)(s+2)(s+5)}=+\infty \quad (1)$$

となるので,定常偏差はつぎのようになる。

$$e(\infty)=\frac{2}{1+\infty}=0 \quad (2)$$

〔4〕 目標値がランプ状に変化するときの定常偏差は式(7.16)で与えられる。

$$e(\infty)=\frac{R}{\lim_{s\to 0}sG(s)H(s)} \quad (1)$$

ただし,$R=2$ である。

$$\lim_{s\to 0}sG(s)H(s)=\lim_{s\to 0}\frac{2s^2+5s}{s^3+7s^2+18s+24}=\frac{0}{24}=0 \quad (2)$$

となるので,定常偏差は

となる。つぎの一巡伝達関数の場合は

$$e(\infty) = \frac{2}{\lim_{s \to 0} \frac{Ks(s+8)}{(s+1)(s+2)(s+5)}} = \infty \qquad (4)$$

となる。最後の一巡伝達関数の場合は

$$e(\infty) = \frac{2}{\lim_{s \to 0} \frac{100s(s+3)}{s(s+1)(s+2)(s+5)}}$$

$$= \frac{2}{\lim_{s \to 0} \frac{100(s+3)}{(s+1)(s+2)(s+5)}}$$

$$= \frac{2}{\frac{300}{10}}$$

$$= \frac{1}{15} \qquad (5)$$

となる。

8 章

〔1〕 (直接法による極配置)

フィードバック係数ベクトル f を

$$f = [f_1 \quad f_2] \qquad (1)$$

とすれば、閉ループ系のシステム行列 $A - bf$ はつぎのようになる。

$$A - bf = \begin{bmatrix} 1 - 0.1f_1 & 0.4 - 0.1f_2 \\ -0.4f_1 & 0.6 - 0.4f_2 \end{bmatrix} \qquad (2)$$

したがって、閉ループ系の特性多項式は

$$|sI - A + bf| = \begin{vmatrix} s - 1 + 0.1f_1 & -0.4 + 0.1f_2 \\ 0.4f_1 & s - 0.6 + 0.4f_2 \end{vmatrix}$$

$$= s^2 + (-1.6 + 0.1f_1 + 0.4f_2)s + (0.6 + 0.1f_1 - 0.4f_2) \qquad (3)$$

となる。一方、固有値を $-0.3 \pm j0.2$ とする特性多項式は

$$(s + 0.3 + j0.2)(s + 0.3 - j0.2) = s^2 + 0.6s + 0.13 \qquad (4)$$

であるから、式(3),(4)の係数比較から

$$-1.6 + 0.1f_1 + 0.4f_2 = 0.6 \qquad (5)$$

$$0.6 + 0.1f_1 - 0.4f_2 = 0.13 \qquad (6)$$

が得られる。これを解いて、フィードバック係数ベクトル

$$f = [8.65 \quad 3.34] \tag{7}$$

を求めることができた。

(アッカーマン法による極配置)

可制御性行列は

$$U_c = [b \quad Ab] = \begin{bmatrix} 0.1 & 0.26 \\ 0.4 & 0.24 \end{bmatrix} \tag{8}$$

となるから，この逆行列はつぎのようになる。

$$U_c^{-1} = \begin{bmatrix} -3 & 3.25 \\ 5 & -1.25 \end{bmatrix} \tag{9}$$

また

$$\begin{aligned} P(A) &= A^2 + 0.6A + 0.13I \\ &= \begin{bmatrix} 1 & 0.4 \\ 0 & 0.6 \end{bmatrix}^2 + 0.6\begin{bmatrix} 1 & 0.4 \\ 0 & 0.6 \end{bmatrix} + \begin{bmatrix} 0.13 & 0 \\ 0 & 0.13 \end{bmatrix} = \begin{bmatrix} 1.73 & 0.88 \\ 0 & 0.85 \end{bmatrix} \end{aligned} \tag{10}$$

となるので，フィードバック係数ベクトルは

$$\begin{aligned} f &= [0 \quad 1] U_c^{-1} P(A) \\ &= [0 \quad 1] \begin{bmatrix} -3 & 3.25 \\ 5 & -1.25 \end{bmatrix} \begin{bmatrix} 1.73 & 0.88 \\ 0 & 0.85 \end{bmatrix} = [8.65 \quad 3.34] \end{aligned} \tag{11}$$

と得られる。

〔2〕 可制御性行列は

$$U_c = (b \quad Ab) = \begin{bmatrix} 0.1 & 0.26 \\ 0.4 & 0.24 \end{bmatrix} \tag{1}$$

となるから

$$|U_c| = -0.08 \neq 0 \tag{2}$$

より，極配置が可能である。まず，可制御性行列の逆行列を計算する。

$$U_c^{-1} = \begin{bmatrix} 0.1 & 0.26 \\ 0.4 & 0.24 \end{bmatrix}^{-1} = \begin{bmatrix} -3 & 3.25 \\ 5 & -1.25 \end{bmatrix} \tag{3}$$

となるから，最後の行ベクトルは $e_2 = [5 \quad -1.25]$ である。式(8.13)の T^{-1} は

$$T^{-1} = \begin{bmatrix} e_2 \\ e_2 A \end{bmatrix} = \begin{bmatrix} 5 & -1.25 \\ 5 & 1.25 \end{bmatrix} \tag{4}$$

となる。したがって，変換行列 T はつぎのようになる。

$$T = \begin{bmatrix} 0.1 & 0.1 \\ -0.4 & 0.4 \end{bmatrix} \tag{5}$$

可制御正準形式を求める。

$$\tilde{A} = T^{-1}AT = \begin{bmatrix} 5 & -1.25 \\ 5 & 1.25 \end{bmatrix} \begin{bmatrix} 1 & 0.4 \\ 0 & 0.6 \end{bmatrix} \begin{bmatrix} 0.1 & 0.1 \\ -0.4 & 0.4 \end{bmatrix}$$

$$= \begin{bmatrix} 5 & -1.25 \\ 5 & 1.25 \end{bmatrix} \begin{bmatrix} -0.06 & 0.26 \\ -0.24 & 0.24 \end{bmatrix} = \begin{bmatrix} 0 & 1 \\ -0.6 & 1.6 \end{bmatrix} \quad (6)$$

$$\tilde{b} = T^{-1}b = \begin{bmatrix} 5 & -1.25 \\ 5 & 1.25 \end{bmatrix} \begin{bmatrix} 0.1 \\ 0.4 \end{bmatrix} = \begin{bmatrix} 0 \\ 1 \end{bmatrix} \quad (7)$$

これより，$a_0 = 0.6$，$a_1 = -1.6$ であることがわかる．また，指定の特性多項式は

$$(s+0.3+j0.2)(s+0.3-j0.2) = s^2 + 0.6s + 0.13 \quad (8)$$

となるので，$d_0 = 0.13$，$d_1 = 0.6$ である．よって，フィードバック係数ベクトル $\tilde{f}$ は

$$\tilde{f} = [d_0 - a_0 \quad d_1 - a_1] = [0.13 - 0.6 \quad 0.6 + 1.6] = [-0.47 \quad 2.2] \quad (9)$$

と求められ，所望のフィードバック係数ベクトル f はつぎのようになる．

$$f = \tilde{f} T^{-1} = [-0.47 \quad 2.2] \begin{bmatrix} 5 & -1.25 \\ 5 & 1.25 \end{bmatrix} = [8.65 \quad 3.34] \quad (10)$$

最後に，このフィードバック係数ベクトル f によって，閉ループ系の固有値を指定した位置に配置できているかどうかを調べる．それには，$A - bf$ の固有値を計算すればよい．

$$A - bf = \begin{bmatrix} 1 & 0.4 \\ 0 & 0.6 \end{bmatrix} - \begin{bmatrix} 0.1 \\ 0.4 \end{bmatrix} [8.65 \quad 3.34] = \begin{bmatrix} 0.135 & 0.066 \\ -3.46 & -0.736 \end{bmatrix} \quad (11)$$

なので，これの固有値を計算する．

$$|sI - A + bf| = \begin{vmatrix} s - 0.135 & -0.066 \\ 3.46 & s + 0.736 \end{vmatrix}$$

$$= (s - 0.135)(s + 0.736) + 0.2284$$

$$= s^2 + 0.601s + 0.129 \quad (12)$$

計算途中での丸め誤差の影響が少し出たが，指定の特性多項式(8)となった．したがって，指定の位置に極配置ができていることを確認できた．

〔3〕 可制御性行列の逆行列は

$$U_c^{-1} = \begin{bmatrix} 0 & 0 & 1 \\ 0 & 1 & 0 \\ 1 & 0 & -1 \end{bmatrix}^{-1} = \begin{bmatrix} 1 & 0 & 1 \\ 0 & 1 & 0 \\ 1 & 0 & 0 \end{bmatrix} \quad (1)$$

となるので，最後の行ベクトルは $e_3 = [1 \ 0 \ 0]$ である．式(8.13)の T^{-1} は

$$T^{-1} = \begin{bmatrix} e_3 \\ e_3 A \\ e_3 A^2 \end{bmatrix} = \begin{bmatrix} 1 & 0 & 0 \\ -1 & 1 & 0 \\ 1 & -1 & 1 \end{bmatrix} \tag{2}$$

と求められ，可制御正準形の $\tilde{A}$, $\tilde{b}$ はつぎのように計算される．

$$\tilde{A} = T^{-1}AT = \begin{bmatrix} 0 & 1 & 0 \\ 0 & 0 & 1 \\ -1 & -1 & -1 \end{bmatrix}, \quad \tilde{b} = T^{-1}b = \begin{bmatrix} 0 \\ 0 \\ 1 \end{bmatrix} \tag{3}$$
$$\tag{4}$$

これより，$a_0 = a_1 = a_2 = 1$ であることがわかる．

一方，閉ループ系の特性多項式は

$$(s+2)(s+1+j)(s+1-j) = s^3 + 4s^2 + 6s + 4 \tag{5}$$

で指定されている．したがって，$d_0 = 4$, $d_1 = 6$, $d_2 = 4$ である．以上から，フィードバック係数ベクトルは

$$\begin{aligned} \tilde{f} &= [d_0 - a_0 \quad d_1 - a_1 \quad d_2 - a_2] = [4-1 \quad 6-1 \quad 4-1] \\ &= [3 \quad 5 \quad 3] \end{aligned} \tag{6}$$

となる．これを状態変数を $x(t)$ とするフィードバック係数ベクトル f に変換すると

$$f = \tilde{f} T^{-1} = [3 \quad 5 \quad 3] \begin{bmatrix} 1 & 0 & 0 \\ -1 & 1 & 0 \\ 1 & -1 & 1 \end{bmatrix} = [1 \quad 2 \quad 3] \tag{7}$$

となる．

最後に，指定された位置に固有値を配置できているかを確認しておこう．

$$A - bf = \begin{bmatrix} -1 & 1 & 0 \\ 0 & 0 & 1 \\ 0 & -1 & 0 \end{bmatrix} - \begin{bmatrix} 0 \\ 0 \\ 1 \end{bmatrix} [1 \quad 2 \quad 3] = \begin{bmatrix} -1 & 1 & 0 \\ 0 & 0 & 1 \\ -1 & -3 & -3 \end{bmatrix} \tag{8}$$

となるから，閉ループ系の特性多項式はつぎのように計算される．

$$\begin{aligned} |sI - A + bf| &= \begin{vmatrix} s+1 & -1 & 0 \\ 0 & s & -1 \\ 1 & 3 & s+3 \end{vmatrix} \\ &= s^3 + 4s^2 + 6s + 4 \end{aligned} \tag{9}$$

式(9)は式(5)と同じであるから，式(7)は所望のフィードバック係数ベクトルを与えていることがわかる．

10 章

〔1〕 まず，伝達関数を計算する。
$$G(s)=c(sI-A)^{-1}b=\frac{s^2+6s+7}{s^3+7s^2+14s+8} \tag{1}$$
となるから，零点は
$$s^2+6s+7=0 \tag{2}$$
を満たす s である。

つぎに，式(10.18)を用いて零点を求めてみよう。式(10.15)から
$$|M(s)|=\begin{vmatrix} sI-A & b \\ c & 0 \end{vmatrix}=\begin{vmatrix} s+2 & -1 & 0 & 1 \\ -1 & s+3 & -1 & 0 \\ 0 & -1 & s+2 & 0 \\ 1 & 1 & 0 & 0 \end{vmatrix}=0 \tag{3}$$
となる。第4列で展開すると
$$(-1)^{1+4}\begin{vmatrix} -1 & s+3 & -1 \\ 0 & -1 & s+2 \\ 1 & 1 & 0 \end{vmatrix}=0 \tag{4}$$
であるから
$$(s+2)(s+3)+(s+2)-1=0 \tag{5}$$
$$\therefore s^2+6s+7=0 \tag{6}$$
となる。式(3)は，式(6)に変形された。式(6)は式(2)と同じであるから，結局，$|M(s)|=0$ で零点を計算できることを数値的に確認できた。

11 章

〔1〕 まず，可観測であるかどうかをチェックする。
$$|U_o|=\begin{vmatrix} c \\ cA \end{vmatrix}=\begin{vmatrix} 3 & -1 \\ -6 & 4 \end{vmatrix}=6\neq 0 \tag{1}$$
から，可観測であることがわかる。A^T-c^Tf の固有値を $-2\pm j$ に配置するためのフィードバック係数ベクトルを
$$f=[f_1 \quad f_2] \tag{2}$$
とすれば

$$A^T - c^T f = \begin{bmatrix} -4 & -6 \\ 3 & 5 \end{bmatrix} - \begin{bmatrix} 3 \\ -1 \end{bmatrix} [f_1 \quad f_2] = \begin{bmatrix} -4-3f_1 & -6-3f_2 \\ 3+f_1 & 5+f_2 \end{bmatrix} \tag{3}$$

となるから，状態観測器の固有値は，つぎの特性多項式で決定される．

$$|sI - A^T + c^T f| = \begin{vmatrix} s+4+3f_1 & 6+3f_2 \\ -3-f_1 & s-5-f_2 \end{vmatrix}$$
$$= s^2 + (-1+3f_1-f_2)s + (-2-9f_1+5f_2) \tag{4}$$

一方，所望の特性多項式は

$$(s+2-j)(s+2+j) = s^2 + 4s + 5 \tag{5}$$

であるから，式(4)と式(5)の係数比較から，つぎの連立方程式を導出することができる．

$$-1 + 3f_1 - f_2 = 4 \tag{6}$$
$$-2 - 9f_1 + 5f_2 = 5 \tag{7}$$

これを解いて

$$f = [f_1 \quad f_2] = \begin{bmatrix} \dfrac{16}{3} & 11 \end{bmatrix} \tag{8}$$

を得る．したがって $A - lc$ の固有値を $-2 \pm j$ に配置するベクトル l は

$$l = \begin{bmatrix} \dfrac{16}{3} \\ 11 \end{bmatrix} \tag{9}$$

と求められた．

指定した位置に固有値を配置できていることを確認しよう．

$$|sI - A + lc| = \begin{vmatrix} s & 0 \\ 0 & s \end{vmatrix} - \begin{bmatrix} -4 & 3 \\ -6 & 5 \end{bmatrix} + \begin{bmatrix} \dfrac{16}{3} \\ 11 \end{bmatrix} [3 \quad -1] \begin{vmatrix} \end{vmatrix}$$
$$= \begin{vmatrix} s+20 & -\dfrac{25}{3} \\ 39 & s-16 \end{vmatrix} = s^2 + 4s + 5 \tag{10}$$

式(5)に一致したので，仕様通りに設計できていることを確認できた．

〔2〕 システム

$$\dot{x}(t) = \begin{bmatrix} 1 & 0.4 \\ 0 & 0.6 \end{bmatrix} x(t) + \begin{bmatrix} 0.1 \\ 0.4 \end{bmatrix} u(t), \quad y(t) = [1 \quad 0] x(t) \tag{1}\tag{2}$$

が可観測であるかどうかを調べる．

$$|U_o| = \begin{vmatrix} c \\ cA \end{vmatrix} = \begin{vmatrix} 1 & 0 \\ 1 & 0.4 \end{vmatrix} = 0.4 \neq 0 \tag{3}$$

となるので，このシステムは可観測である。

A^T-c^Tf の固有値を $-0.5\pm j0.332$ に配置するフィードバック係数ベクトルを
$$f=[f_1\ f_2] \tag{4}$$
とすれば
$$A^T-c^Tf=\begin{bmatrix}1&0\\0.4&0.6\end{bmatrix}-\begin{bmatrix}1\\0\end{bmatrix}[f_1\ f_2]$$
$$=\begin{bmatrix}1-f_1&-f_2\\0.4&0.6\end{bmatrix} \tag{5}$$
となる。したがって，状態観測器の特性多項式はつぎのようになる。
$$|sI-A^T+c^Tf|=\begin{vmatrix}s-1+f_1&f_2\\-0.4&s-0.6\end{vmatrix}$$
$$=s^2+(-1.6+f_1)s+(0.6-0.6f_1+0.4f_2) \tag{6}$$
一方，固有値を $-0.5\pm j0.332$ とするための特性多項式は
$$(s+0.5-j0.332)(s+0.5+j0.332)=s^2+s+0.36 \tag{7}$$
なので，係数比較法により，つぎの連立方程式を得る。
$$-1.6+f_1=1 \tag{8}$$
$$0.6-0.6f_1+0.4f_2=0.36 \tag{9}$$
これを解いて
$$f=[f_1\ f_2]=[2.6\ 3.3] \tag{10}$$
となる。したがって，$A-lc$ の固有値を $-0.5\pm j0.332$ とするベクトル l は
$$l=\begin{bmatrix}2.6\\3.3\end{bmatrix} \tag{11}$$
である。最後に，状態観測器の特性多項式を計算しておく。
$$|sI-A+lc|=\begin{vmatrix}\begin{bmatrix}s&0\\0&s\end{bmatrix}-\begin{bmatrix}1&0.4\\0&0.6\end{bmatrix}+\begin{bmatrix}2.6\\3.3\end{bmatrix}[1\ 0]\end{vmatrix}$$
$$=\begin{vmatrix}s+1.6&-0.4\\3.3&s-0.6\end{vmatrix}=s^2+s+0.36 \tag{12}$$

〔3〕 併合系 (11.19) の固有値を計算しよう。
$$\begin{vmatrix}sI-A&bf\\-lc&sI-A+bf+lc\end{vmatrix}$$

$$
\begin{aligned}
&= \begin{vmatrix} \begin{bmatrix} s & 0 \\ 0 & s \end{bmatrix} - \begin{bmatrix} 1 & 0.4 \\ 0 & 0.6 \end{bmatrix} & \begin{bmatrix} 0.1 \\ 0.4 \end{bmatrix}[8.65 \quad 3.34] \\ -\begin{bmatrix} 2.6 \\ 3.3 \end{bmatrix}[1 \quad 0] & \begin{bmatrix} s & 0 \\ 0 & s \end{bmatrix} - \begin{bmatrix} 1 & 0.4 \\ 0 & 0.6 \end{bmatrix} + \begin{bmatrix} 0.1 \\ 0.4 \end{bmatrix}[8.65 \quad 3.34] + \begin{bmatrix} 2.6 \\ 3.3 \end{bmatrix}[1 \quad 0] \end{vmatrix} \\
&= \begin{vmatrix} s-1 & -0.4 & 0.865 & 0.334 \\ 0 & s-0.6 & 3.46 & 1.336 \\ -2.6 & 0 & s+2.465 & -0.066 \\ -3.3 & 0 & 6.76 & s+0.736 \end{vmatrix} \\
&= (s-1)\begin{vmatrix} s-0.6 & 3.46 & 1.336 \\ 0 & s+2.465 & -0.066 \\ 0 & 6.76 & s+0.736 \end{vmatrix} - 2.6\begin{vmatrix} -0.4 & 0.865 & 0.334 \\ s-0.6 & 3.46 & 1.336 \\ 0 & 6.76 & s+0.736 \end{vmatrix} \\
&\quad + 3.3\begin{vmatrix} -0.4 & 0.865 & 0.334 \\ s-0.6 & 3.46 & 1.336 \\ 0 & s+2.465 & -0.066 \end{vmatrix} \\
&= (s-1)(s-0.6)(s^2+3.201s+2.260\,4) \\
&\quad -2.6(-0.865s^2+0.756\,2s+1.621\,2) \\
&\quad +3.3(0.334s^2+1.214\,4s+0.880\,4) \\
&= s^4+1.601s^3+1.09s^2+0.345\,36s+0.046\,44 \tag{1}
\end{aligned}
$$

となるから

$$s^4+1.601s^2+1.09s^2+0.345\,36s+0.046\,44 = 0 \tag{2}$$

を解いて

$$-0.301 \pm j\,0.197, \quad -0.50 \pm j\,0.332 \tag{3}$$

を得る。四捨五入による丸め誤差によっていく分違っているが，ほぼ指定した値になっている。すなわち，併合系の固有値は，閉ループ系の固有値と状態観測器の固有値とからなっていることを数値的に確認することができた。

12 章

〔1〕 割り算を行うとつぎのようになる。

$$
\begin{array}{r}
 \overset{h_0}{\underset{\parallel}{}}\qquad\overset{h_1}{\underset{\parallel}{}}\qquad\overset{h_2}{\underset{\parallel}{}} \\
 \dfrac{a_0}{b_0}+\dfrac{a_1-b_1h_0}{b_0}s+\dfrac{a_2-b_1h_1-b_2h_0}{b_0}s^2+\cdots \\
b_0+b_1s+b_2s^2+b_3s^3+\cdots\overline{)\,a_0\ +a_1s\qquad\ +a_2s^2\qquad\qquad\quad+\cdots} \\
a_0\ +b_1h_0s\qquad +b_2h_0s^2\qquad\qquad\quad+\cdots \\
\hline
0\ +(a_1-b_1h_0)s+(a_2-b_2h_0)s^2\qquad\quad+\cdots \\
(a_1-b_1h_0)s+b_1h_1s^2\qquad\qquad\quad+\cdots \\
\hline
0\qquad+(a_2-b_1h_1-b_2h_0)s^2\ +\cdots \\
(a_2-b_1h_1-b_2h_0)s^2\ +\cdots \\
\hline
0\qquad\qquad\qquad+\cdots
\end{array}
$$

〔2〕 式(12.16)の分子は，式(12.15)から，つぎのように書くことができる。

$$sh(s)=h_0s+h_1s^2+h_2s^3+h_3s^4+\cdots \tag{1}$$

また，分母は，式(12.8)から

$$a(s)-1=(a_0+a_1\sigma s+a_2\sigma^2s^2+a_3\sigma^3s^3+\cdots)-1 \tag{2}$$

であるが，式(12.9)および式(12.10)から，$a_0=a_1=1$ なので

$$a(s)-1=\sigma s+a_2\sigma^2s^2+a_3\sigma^3s^3+\cdots \tag{3}$$

となる。

分母分子を s で約分した後，割り算を実施する。

$$
\begin{array}{r}
\dfrac{h_0}{\sigma}+\dfrac{1}{\sigma}(h_1-a_2h_0\sigma)s+\dfrac{1}{\sigma}\{h_2-a_2h_1\sigma+(a_2^2-a_3)h_0\sigma^2\}s^2+\cdots \\
\sigma+a_2\sigma^2s+a_3\sigma^3s^2+\cdots\overline{)\,h_0\ +h_1s\qquad\ +h_2s^2\qquad\qquad\qquad\ +\cdots} \\
h_0\ +a_2h_0\sigma s\qquad +a_3h_0\sigma^2s^2\qquad\qquad\quad+\cdots \\
\hline
0\ +(h_1-a_2h_0\sigma)s\ +(h_2-a_3h_0\sigma^2)s^2\qquad\quad+\cdots \\
(h_1-a_2h_0\sigma)s\ +a_2(h_1-a_2h_0\sigma)\sigma s^2\qquad+\cdots \\
\hline
0\qquad+\{h_2-a_2h_1\sigma+(a_2^2-a_3)h_0\sigma^2\}s^2\ +\cdots \\
\{h_2-a_2h_1\sigma+(a_2^2-a_3)h_0\sigma^2\}s^2\ +\cdots \\
\hline
0\qquad\qquad+\cdots
\end{array}
$$

これより，式(12.18)を得る。

索　引

〖A〗
アッカーマン法　127
安定度　104

〖B〗
バンデルモンド行列　66
ベクトル軌跡　83, 102
微分動作　177
微分要素　6, 7, 83, 88
ボード線図　86
部分的モデルマッチング法　181

〖D, E〗
伝達関数　27, 51, 79, 81, 92
同一次元オブザーバ　172
動的システム　7, 10
動的要素　6, 7
円条件　151

〖F〗
フィードバック制御　3, 100, 101
フィードフォワード制御　100, 101

〖G〗
外乱　1, 2
ゲイン　83
ゲイン交差角周波数　105

ゲイン特性曲線　86, 179
ゲイン余裕　105
ゲイン条件式　190
減衰係数　29, 36
誤差システム　171
行列のランク　67
行列指数関数　17

〖H〗
ハミルトン行列　143
半正定　137
半正定行列　137
半正定対称行列　134, 137
併合系　174
平衡状態　12, 13
閉ループ制御　101
比例動作　177
比例ゲイン　178
比例要素　6, 7, 87
補助方程式　43, 194, 198
不安定　26
不変零点　165
不可観測　71
不可制御　61
負定　137
負定行列　137
評価関数　133

〖I〗
位相　83
位相条件式　190
位相交差角周波数　105
位相特性曲線　86, 179

位相余裕　104
1次遅れ系　27
1次遅れ要素　85, 89
一巡伝達関数　102, 150, 189
一巡周波数応答　104

〖K〗
開ループ制御　101
階数　67
可観測　61, 71
可観測性　70, 73
可観測性グラム行列　71, 73
可観測性行列　72, 74
拡大系　164
カルマンの方程式　150
重ね合わせの性質　80
可制御　61, 116
可制御性　60, 73
可制御性グラム行列　61, 63, 73
可制御性行列　64, 74, 164
可制御正準形　95, 116
過渡応答　16
ケーリー・ハミルトンの定理　118
検出器　3
根軌跡　190
根軌跡法　189
固有ベクトル　24, 51
固有角周波数　29
固有値　24, 51
クラインマンの方法　141
極　27, 51, 82, 165
極-零点相殺　76

224　制御工学

極配置法　113

〚M〛

モデル化　5
目標値　3
モード　54
モード行列　54
モード展開　25
むだ時間要素　85

〚N〛

内部モデル原理　112, 161, 166
ナイキストの安定判別法　102, 103
2次遅れ系　29
入力変数　10

〚O〛

オブザーバ　169
重み係数　137
折返し法　151
折返し線　153

〚P〛

P動作　178
PD制御装置　179
PI動作　178, 183
PI制御装置　178
PID動作　178, 183
PID制御　177
PID制御装置　179, 183

〚R〛

ランク　68
ラプラス逆変換　20
ラプラス変換　20, 81

ラウス・フルビッツの安定判別法　24, 37, 193
ラウス表　37
零点　52, 165
リアプノフ方程式　46, 141
リアプノフ関数　46
リアプノフの安定定理　24, 46, 140
リカッチ微分方程式　134
リカッチ代数方程式　135
リカッチ形方程式　152

〚S〛

サーボ系　161
最適レギュレータ　133
最適制御　133
参照モデル　181
制御偏差　3, 162
制御量　1
制御装置　3
制御対象　1
正準系　52
正準形式　52
正定　46, 137
正定行列　46, 137
正定対称行列　134, 137
静的要素　5, 7
積分動作　177
積分器　162
積分要素　6, 7, 84, 89, 110
積分時間　178
線形独立　59, 69
線形従属　62, 69
選択的折返し法　154
設定値　3
シルベスターの判定条件　138
システムの安定性　24
システムの応答　16
システムの特性　5
システムの次数　7
測定装置　3

操作量　1, 2
双対なシステム　74
双対性　73, 172
小行列式　68
主小行列式　138
出力変数　10
出力方程式　11, 50
周波数伝達関数　83
周波数応答　82, 83, 102
首座小行列式　138, 139

〚T〛

対角変換行列　53
対角化　53
対角正準形　52, 54, 61, 97
対角正準形式　54
単位インパルス応答　27, 79, 81
単位ステップ応答　28
畳込み積分　80, 81
定値制御　4
定常偏差　107, 110
定常特性　107
特性方程式　24, 37, 51, 189
特性根　27, 51, 190
特性多項式　27
追値制御　4

〚Z〛

座標変換　25, 49, 175
座標変換行列　50, 52, 118
前置補償器　162
漸近安定　26, 46
時間応答　16
時定数　27
状態変数　9, 10, 49, 50
状態方程式　7, 11, 50, 92
状態観測器　169
状態遷移行列　18

―― 著者略歴 ――

1976 年	早稲田大学理工学部電気工学科卒業
1981 年	早稲田大学大学院理工学研究科博士課程修了（電気工学専攻）工学博士
1981 年	株式会社東芝総合研究所勤務
1988 年	埼玉大学助教授
1992 年	防衛大学校助教授
1999 年	防衛大学校教授
2003 年	東京都立科学技術大学教授
2005 年	首都大学東京教授（校名変更）
2018 年	首都大学東京(現　東京都立大学)名誉教授
2018 年	交通システム電機株式会社 取締役副社長
	現在に至る
	電気学会上級会員（2005 年）
	計測自動制御学会フェロー（2010 年）

著　書
制御理論の基礎と応用（共著，産業図書，1995）
演習で学ぶ現代制御理論（森北出版，2003）
演習で学ぶ基礎制御工学（森北出版，2004）
演習で学ぶ PID 制御（森北出版，2009）
演習で学ぶディジタル制御（森北出版，2012）
わかりやすい現代制御理論（森北出版，2013）
大学講義テキスト　古典制御（コロナ社，2020）
大学講義テキスト　現代制御（コロナ社，2020）
演習で学ぶ基礎制御工学　実践編（森北出版，2021）
大学院入試徹底対策テキスト　制御工学（コロナ社，2021）

制御工学
Control Engineering　　　　　　　　　　　　　　　© Yasuchika Mori 2001

2001 年 12 月 20 日　初版第 1 刷発行
2021 年 12 月 5 日　初版第 10 刷発行

検印省略

著　者　　森　　　泰　親
発行者　　株式会社　コロナ社
　　　　　代表者　牛来真也
印刷所　　新日本印刷株式会社
製本所　　牧製本印刷株式会社

112-0011　東京都文京区千石 4-46-10
発行所　株式会社　コロナ社
CORONA PUBLISHING CO., LTD.
Tokyo Japan
振替 00140-8-14844・電話 (03) 3941-3131 (代)
ホームページ　https://www.coronasha.co.jp

ISBN 978-4-339-00143-3　C3354　Printed in Japan　　　　　　（藤田）

JCOPY ＜出版者著作権管理機構　委託出版物＞
本書の無断複製は著作権法上での例外を除き禁じられています。複製される場合は，そのつど事前に，出版者著作権管理機構（電話 03-5244-5088, FAX 03-5244-5089, e-mail: info@jcopy.or.jp）の許諾を得てください。

本書のコピー，スキャン，デジタル化等の無断複製・転載は著作権法上での例外を除き禁じられています。購入者以外の第三者による本書の電子データ化および電子書籍化は，いかなる場合も認めていません。
落丁・乱丁はお取替えいたします。

電子情報通信レクチャーシリーズ

(各巻B5判，欠番は品切または未発行です)
■電子情報通信学会編

共通

	配本順			頁	本体
A-1	(第30回)	電子情報通信と産業	西村吉雄著	272	4700円
A-2	(第14回)	電子情報通信技術史 ―おもに日本を中心としたマイルストーン―	「技術と歴史」研究会編	276	4700円
A-3	(第26回)	情報社会・セキュリティ・倫理	辻井重男著	172	3000円
A-5	(第6回)	情報リテラシーとプレゼンテーション	青木由直著	216	3400円
A-6	(第29回)	コンピュータの基礎	村岡洋一著	160	2800円
A-7	(第19回)	情報通信ネットワーク	水澤純一著	192	3000円
A-9	(第38回)	電子物性とデバイス	益川　　一哉 天川　修平共著	244	4200円

基礎

B-5	(第33回)	論理回路	安浦寛人著	140	2400円
B-6	(第9回)	オートマトン・言語と計算理論	岩間一雄著	186	3000円
B-7	(第40回)	コンピュータプログラミング	富樫敦著	近刊	
B-8	(第35回)	データ構造とアルゴリズム	岩沼宏治他著	208	3300円
B-9	(第36回)	ネットワーク工学	田中村野敬裕介共著 仙石正和	156	2700円
B-10	(第1回)	電磁気学	後藤尚久著	186	2900円
B-11	(第20回)	基礎電子物性工学 ―量子力学の基本と応用―	阿部正紀著	154	2700円
B-12	(第4回)	波動解析基礎	小柴正則著	162	2600円
B-13	(第2回)	電磁気計測	岩﨑俊著	182	2900円

基盤

C-1	(第13回)	情報・符号・暗号の理論	今井秀樹著	220	3500円
C-3	(第25回)	電子回路	関根慶太郎著	190	3300円
C-4	(第21回)	数理計画法	山下信雄 福島雅夫共著	192	3000円

配本順				頁	本体
C-6	(第17回)	インターネット工学	後藤滋樹／外山勝保 共著	162	2800円
C-7	(第3回)	画像・メディア工学	吹抜敬彦 著	182	2900円
C-8	(第32回)	音声・言語処理	広瀬啓吉 著	140	2400円
C-9	(第11回)	コンピュータアーキテクチャ	坂井修一 著	158	2700円
C-13	(第31回)	集積回路設計	浅田邦博 著	208	3600円
C-14	(第27回)	電子デバイス	和保孝夫 著	198	3200円
C-15	(第8回)	光・電磁波工学	鹿子嶋憲一 著	200	3300円
C-16	(第28回)	電子物性工学	奥村次徳 著	160	2800円

展開

D-3	(第22回)	非線形理論	香田徹 著	208	3600円
D-5	(第23回)	モバイルコミュニケーション	中川正雄／大槻知明 共著	176	3000円
D-8	(第12回)	現代暗号の基礎数理	黒澤馨／尾形わかは 共著	198	3100円
D-11	(第18回)	結像光学の基礎	本田捷夫 著	174	3000円
D-14	(第5回)	並列分散処理	谷口秀夫 著	148	2300円
D-15	(第37回)	電波システム工学	唐沢好男／藤井威生 共著	228	3900円
D-16	(第39回)	電磁環境工学	徳田正満 著	206	3600円
D-17	(第16回)	VLSI工学 ―基礎・設計編―	岩田穆 著	182	3100円
D-18	(第10回)	超高速エレクトロニクス	中村徹／三島友義 共著	158	2600円
D-23	(第24回)	バイオ情報学 ―パーソナルゲノム解析から生体シミュレーションまで―	小長谷明彦 著	172	3000円
D-24	(第7回)	脳工学	武田常広 著	240	3800円
D-25	(第34回)	福祉工学の基礎	伊福部達 著	236	4100円
D-27	(第15回)	VLSI工学 ―製造プロセス編―	角南英夫 著	204	3300円

定価は本体価格+税です。
定価は変更されることがありますのでご了承下さい。

図書目録進呈◆

計測・制御セレクションシリーズ

(各巻A5判)

■計測自動制御学会 編

計測自動制御学会（SICE）が扱う，計測，制御，システム・情報，システムインテグレーション，ライフエンジニアリングといった分野は，もともと分野横断的な性格を備えていることから，SICEが社会において果たすべき役割がより一層重要なものとなってきている．めまぐるしく技術動向が変化する時代に活躍する技術者・研究者・学生の助けとなる書籍を，SICEならではの視点からタイムリーに提供することをシリーズの方針とした．
SICEが執筆者の公募を行い，会誌出版委員会での選考を経て収録テーマを決定することとした．また，公募と並行して，会誌出版委員会によるテーマ選定や，学会誌「計測と制御」での特集から本シリーズの方針に合うテーマを選定するなどして，収録テーマを決定している．テーマの選定に当たっては，SICEが今の時代に出版する書籍としてふさわしいものかどうかを念頭に置きながら進めている．このようなシリーズの企画・編集プロセスを鑑みて，本シリーズの名称を「計測・制御セレクションシリーズ」とした．

配本順			頁	本体
1.（1回）	次世代医療AI ―生体信号を介した人とAIの融合―	藤原幸一編著	272	3800円
2.（2回）	外乱オブザーバ	島田 明著	284	4000円
3.（3回）	量の理論とアナロジー	久保和良著	284	4000円
	センサ技術の基礎と応用	次世代センサ協議会編		
	システム制御理論による電力系統の解析と制御	石崎孝幸／川口貴弘／河辺賢一 共著		
	機械学習の可能性	浮田浩行／濱上知樹 編著		

定価は本体価格+税です．
定価は変更されることがありますのでご了承下さい．

図書目録進呈◆

計測・制御テクノロジーシリーズ

（各巻A5判，欠番は品切または未発行です）

■計測自動制御学会 編

	配本順		著者	頁	本体
1.	(18回)	計測技術の基礎（改訂版）―新SI対応―	山﨑弘郎・田中充 共著	250	3600円
2.	(8回)	センシングのための情報と数理	出口光一郎・本多敏 共著	172	2400円
3.	(11回)	センサの基本と実用回路	中沢信明・松井利一・山田功 共著	192	2800円
4.	(17回)	計測のための統計	寺本顕武・椿広計 共著	288	3900円
5.	(5回)	産業応用計測技術	黒森健一 他著	216	2900円
6.	(16回)	量子力学的手法によるシステムと制御	伊丹松井・乾全 共著	256	3400円
7.	(13回)	フィードバック制御	荒木光彦・細江繁幸 共著	200	2800円
9.	(15回)	システム同定	和田田中・奥大松 共著	264	3600円
11.	(4回)	プロセス制御	高津春雄 編著	232	3200円
13.	(6回)	ビークル	金井喜美雄 他著	230	3200円
15.	(7回)	信号処理入門	小畑秀文・浜田望・田村安孝 共著	250	3400円
16.	(12回)	知識基盤社会のための人工知能入門	國藤進・中田豊久・羽山徹彩 共著	238	3000円
17.	(2回)	システム工学	中森義輝 著	238	3200円
19.	(3回)	システム制御のための数学	田村捷利・武藤康彦・笹川徹史 共著	220	3000円
21.	(14回)	生体システム工学の基礎	福岡豊・内山孝憲・野村泰伸 共著	252	3200円

定価は本体価格+税です。
定価は変更されることがありますのでご了承下さい。

図書目録進呈◆

システム制御工学シリーズ

(各巻A5判，欠番は品切です)

■編集委員長　池田雅夫
■編集委員　足立修一・梶原宏之・杉江俊治・藤田政之

配本順		書名	著者	頁	本体
2.	(1回)	信号とダイナミカルシステム	足立 修一 著	216	2800円
3.	(3回)	フィードバック制御入門	杉江 俊治／藤田 政之 共著	236	3000円
4.	(6回)	線形システム制御入門	梶原 宏之 著	200	2500円
6.	(17回)	システム制御工学演習	杉江 俊治／梶原 宏之 共著	272	3400円
8.	(23回)	システム制御のための数学(2) ―関数解析編―	太田 快人 著	288	3900円
9.	(12回)	多変数システム制御	池田 雅夫／藤崎 泰正 共著	188	2400円
10.	(22回)	適応制御	宮里 義彦 著	248	3400円
11.	(21回)	実践ロバスト制御	平田 光男 著	228	3100円
12.	(8回)	システム制御のための安定論	井村 順一 著	250	3200円
13.	(5回)	スペースクラフトの制御	木田 隆 著	192	2400円
14.	(9回)	プロセス制御システム	大嶋 正裕 著	206	2600円
15.	(10回)	状態推定の理論	内田 健康／山中 一雄 共著	176	2200円
16.	(11回)	むだ時間・分布定数系の制御	阿部 直人／児島 晃 共著	204	2600円
17.	(13回)	システム動力学と振動制御	野波 健蔵 著	208	2800円
18.	(14回)	非線形最適制御入門	大塚 敏之 著	232	3000円
19.	(15回)	線形システム解析	汐月 哲夫 著	240	3000円
20.	(16回)	ハイブリッドシステムの制御	井村 順一／東 俊一／増淵 泉 共著	238	3000円
21.	(18回)	システム制御のための最適化理論	延瀬 英昇／山部 沢 共著	272	3400円
22.	(19回)	マルチエージェントシステムの制御	東 俊一／永原 正章 編著	232	3000円
23.	(20回)	行列不等式アプローチによる制御系設計	小原 敦美 著	264	3500円

定価は本体価格+税です。
定価は変更されることがありますのでご了承下さい。

◆図書目録進呈◆

電気・電子系教科書シリーズ

(各巻A5判)

- ■編集委員長　高橋　寛
- ■幹　　　事　湯田幸八
- ■編集委員　　江間　敏・竹下鉄夫・多田泰芳
　　　　　　　　中澤達夫・西山明彦

配本順		書名	著者	頁	本体
1.	(16回)	電気基礎	柴田尚志・皆藤新芳・田中泰志 共著	252	3000円
2.	(14回)	電磁気学	多田泰芳・柴田尚志 共著	304	3600円
3.	(21回)	電気回路Ⅰ	柴田尚志 著	248	3000円
4.	(3回)	電気回路Ⅱ	遠藤　勲・鈴木靖・吉木純・降福編	208	2600円
5.	(29回)	電気・電子計測工学(改訂版) —新SI対応—	吉澤昌純・降矢典雄・福田己之彦・高拓郎・西和明・山正幸 共著	222	2800円
6.	(8回)	制御工学	下西二鎮 共著	216	2600円
7.	(18回)	ディジタル制御	奥平俊・青木俊・西堀立幸 共著	202	2500円
8.	(25回)	ロボット工学	白水俊次 著	240	3000円
9.	(1回)	電子工学基礎	中澤達夫・藤原勝幸 共著	174	2200円
10.	(6回)	半導体工学	渡辺英夫 著	160	2000円
11.	(15回)	電気・電子材料	中澤・押山・森田・須原・土肥 共著	208	2500円
12.	(13回)	電子回路	田中健二 共著	238	2800円
13.	(2回)	ディジタル回路	伊原充博・若海弘夫・吉澤昌純・室賀也・山下巖 共著	240	2800円
14.	(11回)	情報リテラシー入門		176	2200円
15.	(19回)	C++プログラミング入門	湯田幸八 著	256	2800円
16.	(22回)	マイクロコンピュータ制御 プログラミング入門	柚賀正光・千代谷慶 共著	244	3000円
17.	(17回)	計算機システム(改訂版)	春日健・舘泉雄治 共著	240	2800円
18.	(10回)	アルゴリズムとデータ構造	湯田幸八博 共著	252	3000円
19.	(7回)	電気機器工学	前田勉・新谷邦弘 共著	222	2700円
20.	(31回)	パワーエレクトロニクス(改訂版)	江間敏・高橋勲 共著	232	2600円
21.	(28回)	電力工学(改訂版)	江間敏・甲斐隆章 共著	296	3000円
22.	(30回)	情報理論	三木成彦・吉川英機 共著	214	2600円
23.	(26回)	通信工学	吉川英機・竹下鉄夫・松川豊夫 共著	198	2500円
24.	(24回)	電波工学	松田豊稔・宮田克正・南部幸久 共著	238	2800円
25.	(23回)	情報通信システム(改訂版)	岡田裕・桑原史郎・植月唯夫 共著	206	2500円
26.	(20回)	高電圧工学	植月孝・箕原史志 共著	216	2800円

定価は本体価格+税です。
定価は変更されることがありますのでご了承下さい。

図書目録進呈◆

大学講義シリーズ

(各巻A5判，欠番は品切または未発行です)

配本順	書名	著者	頁	本体
(2回)	通信網・交換工学	雁部 頴一 著	274	3000円
(3回)	伝送回路	古賀 利郎 著	216	2500円
(4回)	基礎システム理論	古田・佐野 共著	206	2500円
(10回)	基礎電子物性工学	川辺 和夫 他著	264	2500円
(11回)	電磁気学	岡本 允夫 著	384	3800円
(12回)	高電圧工学	升谷・中田 共著	192	2200円
(14回)	電波伝送工学	安達・米山 共著	304	3200円
(15回)	数値解析（1）	有本 卓 著	234	2800円
(16回)	電子工学概論	奥田 孝美 著	224	2700円
(17回)	基礎電気回路（1）	羽鳥 孝三 著	216	2500円
(18回)	電力伝送工学	木下 仁志 他著	318	3400円
(19回)	基礎電気回路（2）	羽鳥 孝三 著	292	3000円
(20回)	基礎電子回路	原田 耕介 他著	260	2700円
(22回)	原子工学概論	都甲・岡 共著	168	2200円
(23回)	基礎ディジタル制御	美多 勉 他著	216	2400円
(24回)	新電磁気計測	大照 完 他著	210	2500円
(26回)	電子デバイス工学	藤井 忠邦 著	274	3200円
(28回)	半導体デバイス工学	石原 宏 著	264	2800円
(29回)	量子力学概論	権藤 靖夫 著	164	2000円
(30回)	光・量子エレクトロニクス	藤岡・小原／齊藤 共著	180	2200円
(31回)	ディジタル回路	高橋 寛 他著	178	2300円
(32回)	改訂 回路理論（1）	石井 順也 著	200	2500円
(33回)	改訂 回路理論（2）	石井 順也 著	210	2700円
(34回)	制御工学	森 泰親 著	234	2800円
(35回)	新版 集積回路工学（1） ―プロセス・デバイス技術編―	永田・柳井 共著	270	3200円
(36回)	新版 集積回路工学（2） ―回路技術編―	永田・柳井 共著	300	3500円

定価は本体価格+税です。
定価は変更されることがありますのでご了承下さい。

図書目録進呈◆

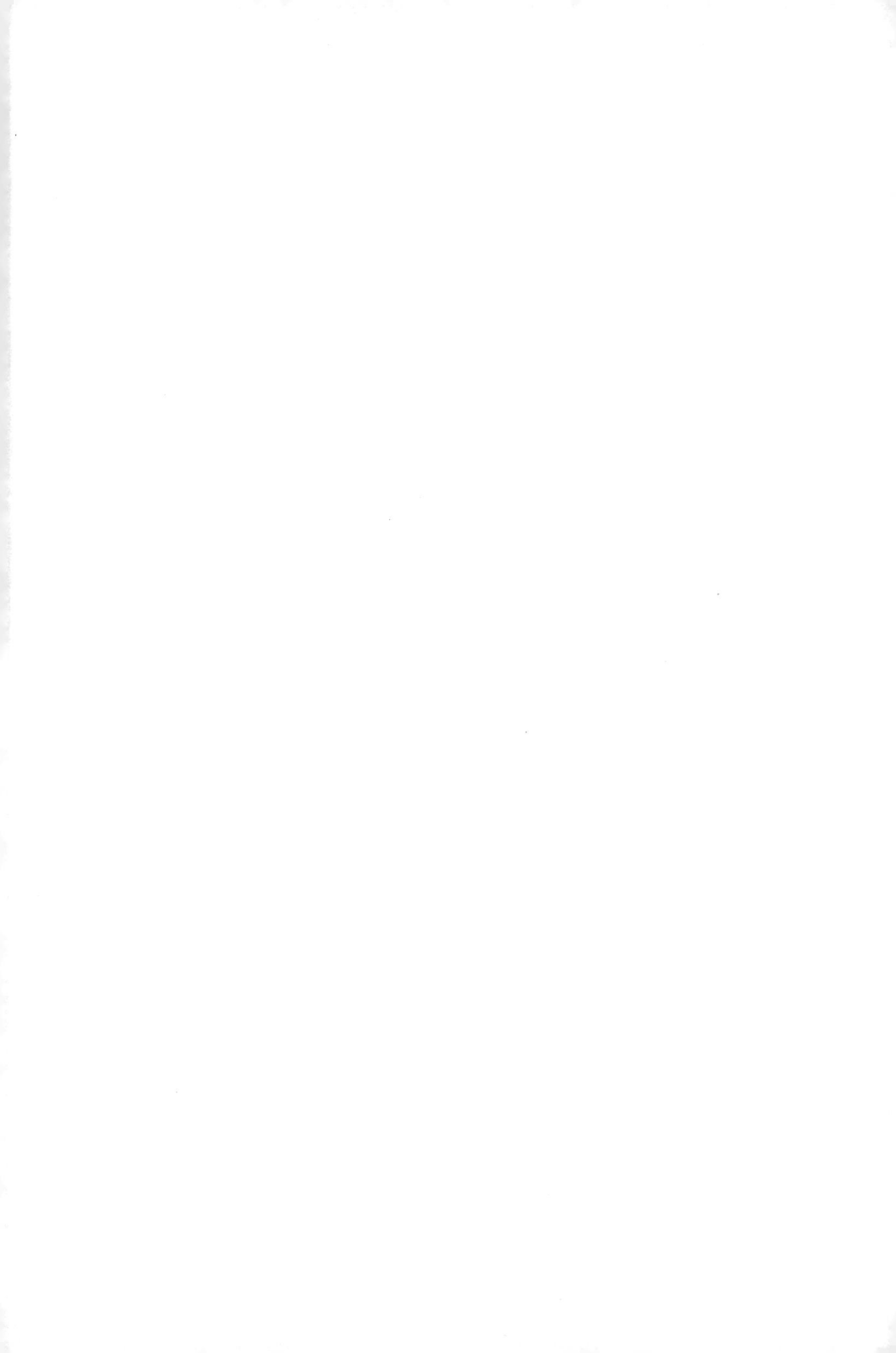